那比电厂标准化系列丛书

那比水力发电厂
检修作业指导书

主编◎秦志辉　吴金明

·南京·

图书在版编目(CIP)数据

那比水力发电厂检修作业指导书 / 秦志辉，吴金明主编. -- 南京 ：河海大学出版社，2023.12
（那比电厂标准化系列丛书）
ISBN 978-7-5630-8829-4

Ⅰ. ①那… Ⅱ. ①秦… ②吴… Ⅲ. ①水力发电站—设备检修 Ⅳ. ①TV738

中国国家版本馆 CIP 数据核字(2024)第 028874 号

书　　名　那比水力发电厂检修作业指导书
书　　号　ISBN 978-7-5630-8829-4
责任编辑　龚　俊
特约编辑　梁顺弟　许金凤
特约校对　丁寿萍
封面设计　徐娟娟
出版发行　河海大学出版社
地　　址　南京市西康路 1 号(邮编:210098)
电　　话　(025)83737852(总编室)　(025)83722833(营销部)
　　　　　(025)83787600(编辑室)
经　　销　江苏省新华发行集团有限公司
排　　版　南京布克文化发展有限公司
印　　刷　广东虎彩云印刷有限公司
开　　本　718 mm×1000 mm　1/16
印　　张　10.75
字　　数　179 千字
版　　次　2023 年 12 月第 1 版
印　　次　2023 年 12 月第 1 次印刷
定　　价　80.00 元

丛书编委会

本册主编：秦志辉　吴金明

副 主 编：吕　盟　祝秀萍　罗　丹

编写人员：罗　丹　黄远辉　李柳萍　罗　明　唐任里

李文柱　韦　佳　刘海兵　唐小专　韦志学

陈俊君　蒙代杰　韦　力

前言

水力发电作为可再生能源的重要组成部分，具有技术成熟、环境友好和可持续发展等优势，在能源供应的可靠性和可持续性方面发挥着重要作用。近年来，我国水电行业发展迅速，装机规模和自动化、信息化水平显著提升，稳居全球装机规模首位。提升水电站工程管理水平，构建更加科学、规范、先进、高效的现代化管理体系，达到高质量发展是当前水电站管理工作的重中之重。

那比水电站是《珠江流域西江水系郁江综合利用规划报告》中的郁江十大梯级电站之一，电站装机容量 48 MW，多年平均发电量 1.97 亿 kW·h，工程概算总投资约 5 亿元，投运以来对缓解百色市电网供需不平衡的矛盾，发挥了重要作用。随着那比水电站新技术、新工艺、新材料、新设备的陆续投入使用，设备检修工作对技术人员的检修工艺和水平要求日益提高，为进一步推动检修现场作业标准化，提高技术人员的作业效率和安全性，特编制检修作业指导书，用以指导水电站相关机电设备的检修、维护工作。

本书是建立在已有的各类电器设备检修工艺导则、检修规程基础上的一种现场技术标准，由水电站组织相关设备检修人员专责结合近 10 年来的设备运行维护状况、日常定检工作、设备技术改造和机组检修经验等情况进行编制。本书覆盖了电气检修、机械检修等方面的检修作业，对安全风险、安全措施、检修工作内容和方法等进行总结，希望对读者有一定的指导和启发。

由于时间较紧，加上编者经验不足、水平有限，不妥之处在所难免，希望广大读者批评指正。

编　者

2023年9月

目录

第 1 章　作业指导书总则 …… 001
1.1　设备检修基本原则 …… 001
1.2　检修管理的基本要求 …… 001
1.3　设备检修作业周期 …… 002

第 2 章　水轮机系统作业指导书 …… 005
2.1　水发连轴拆除 …… 005
2.1.1　安全注意事项 …… 005
2.1.2　工作准备 …… 006
2.1.3　工作内容及步骤 …… 006
2.2　水轮机接力器检查 …… 007
2.2.1　安全注意事项 …… 007
2.2.2　工作准备 …… 007
2.2.3　工作内容及步骤 …… 008
2.3　水轮机控制环、导叶连杆及拐臂机构检查 …… 008
2.3.1　安全注意事项 …… 008
2.3.2　工作准备 …… 009
2.3.3　工作内容及步骤 …… 009
2.4　导水机构拆除 …… 010
2.4.1　安全注意事项 …… 010
2.4.2　工作准备 …… 011

2.4.3 工作内容及步骤 …… 011
2.5 导水机构检修回装 …… 012
2.5.1 安全注意事项 …… 012
2.5.2 工作准备 …… 013
2.5.3 工作内容及步骤 …… 014
2.6 水导轴承拆除 …… 014
2.6.1 安全注意事项 …… 015
2.6.2 工作准备 …… 015
2.6.3 工作内容及步骤 …… 016
2.7 转轮拆除 …… 016
2.7.1 安全注意事项 …… 017
2.7.2 工作准备 …… 017
2.7.3 工作内容及步骤 …… 017
2.8 转轮检修回装 …… 018
2.8.1 安全注意事项 …… 018
2.8.2 工作准备 …… 019
2.8.3 工作内容及步骤 …… 019
2.9 蜗壳排水阀操作 …… 020
2.9.1 安全注意事项 …… 020
2.9.2 工作准备 …… 020
2.9.3 工作内容及方法 …… 021

第3章 调速器系统作业指导书 …… 022
3.1 调速器机械设备检查 …… 022
3.1.1 安全注意事项 …… 022
3.1.2 工作准备 …… 023
3.1.3 工作内容及方法 …… 023
3.2 机组调速器电柜检查 …… 024
3.2.1 安全注意事项 …… 024
3.2.2 工作准备 …… 024
3.2.3 工作内容及方法 …… 024
3.3 机组调速器静态试验 …… 025
3.3.1 安全注意事项 …… 025
3.3.2 工作准备 …… 026

3.3.3 工作内容及方法 …… 026
3.4 机组调速器动态试验 …… 028
3.4.1 安全注意事项 …… 028
3.4.2 工作准备 …… 028
3.4.3 工作内容及方法 …… 029

第4章 给排水系统作业指导书 …… 030
4.1 技术供水系统检查 …… 030
4.1.1 安全注意事项 …… 030
4.1.2 工作准备 …… 030
4.1.3 工作内容及方法 …… 031
4.2 渗漏排水泵检查 …… 032
4.2.1 安全注意事项 …… 032
4.2.2 工作准备 …… 032
4.2.3 工作内容及方法 …… 032
4.3 渗漏排水泵电机检查 …… 033
4.3.1 安全注意事项 …… 033
4.3.2 工作准备 …… 033
4.3.3 工作内容及方法 …… 034
4.4 检修排水泵检查 …… 034
4.4.1 安全注意事项 …… 034
4.4.2 工作准备 …… 035
4.4.3 工作内容及方法 …… 035
4.5 检修排水泵电机检查 …… 035
4.5.1 安全注意事项 …… 036
4.5.2 工作准备 …… 036
4.5.3 工作内容及方法 …… 036

第5章 压缩空气系统作业指导书 …… 037
5.1 低压空压机检查 …… 037
5.1.1 安全注意事项 …… 037
5.1.2 工作准备 …… 038
5.1.3 工作内容及方法 …… 038
5.2 高压空压机检查 …… 038

5.2.1　安全注意事项 …… 039
5.2.2　工作准备 …… 039
5.2.3　工作内容及方法 …… 040
5.3　高压气罐排污阀检查 …… 040
5.3.1　安全注意事项 …… 040
5.3.2　工作准备 …… 041
5.3.3　工作内容及方法 …… 041

第6章　起重系统作业指导书 …… 042
6.1　尾水台车机械部分检查 …… 042
6.1.1　安全注意事项 …… 042
6.1.2　工作准备 …… 042
6.1.3　工作内容及方法 …… 043
6.2　尾水台车控制回路检查 …… 044
6.2.1　安全注意事项 …… 044
6.2.2　工作准备 …… 045
6.2.3　工作内容及方法 …… 045
6.3　主厂房桥机机械部分检查 …… 046
6.3.1　安全注意事项 …… 046
6.3.2　工作准备 …… 046
6.3.3　工作内容及方法 …… 046
6.4　主厂房桥机控制回路检查 …… 048
6.4.1　安全注意事项 …… 048
6.4.2　工作准备 …… 048
6.4.3　工作内容及方法 …… 049
6.5　GIS 室桥机机械部分检查 …… 049
6.5.1　安全注意事项 …… 050
6.5.2　工作准备 …… 050
6.5.3　工作内容及方法 …… 050
6.6　GIS 室桥机控制回路检查 …… 051
6.6.1　安全注意事项 …… 052
6.6.2　工作准备 …… 052
6.6.3　工作内容及方法 …… 052
6.7　生活区仓库桥式起重机机械部分检查 …… 053

6.7.1 安全注意事项 …… 053
6.7.2 工作准备 …… 053
6.7.3 工作内容及方法 …… 054

第7章 闸门系统检修作业指导书 …… 056
7.1 大坝弧门检修闸门检查 …… 056
7.1.1 安全注意事项 …… 056
7.1.2 工作准备 …… 057
7.1.3 定检工艺流程 …… 057
7.2 进水口检修闸门检查 …… 058
7.2.1 安全注意事项 …… 058
7.2.2 工作准备 …… 059
7.2.3 定检工艺流程 …… 059
7.3 尾水检修闸门检查 …… 060
7.3.1 安全注意事项 …… 060
7.3.2 工作准备 …… 061
7.3.3 定检工艺流程 …… 061

第8章 大坝液压启闭机系统作业指导书 …… 063
8.1 液压启闭机液压站检查 …… 063
8.1.1 安全注意事项 …… 063
8.1.2 工作准备 …… 063
8.1.3 工作内容及方法 …… 064
8.2 液压启闭机控制柜检查 …… 064
8.2.1 安全注意事项 …… 065
8.2.2 工作准备 …… 065
8.2.3 工作内容及方法 …… 065

第9章 发电机系统作业指导书 …… 067
9.1 发电机设备拆卸检修作业 …… 067
9.1.1 安全注意事项 …… 067
9.1.2 工作准备 …… 068
9.1.3 工作内容及步骤方法 …… 068
9.2 转子吊出机坑作业 …… 072

9.2.1 安全注意事项 …… 072
9.2.2 工作准备 …… 072
9.2.3 工作内容及步骤、方法 …… 073
9.3 转子吊入机坑作业 …… 075
9.3.1 安全注意事项 …… 075
9.3.2 工作准备 …… 075
9.3.3 工作内容及步骤、方法 …… 076
9.4 转子上方设备拆卸检修作业 …… 077
9.4.1 安全注意事项 …… 077
9.4.2 工作准备 …… 078
9.4.3 工作内容及方法 …… 078
9.5 转子上方机械设备回装作业 …… 080
9.5.1 安全注意事项 …… 080
9.5.2 工作准备 …… 080
9.5.3 工作内容及步骤方法 …… 081
9.6 转子下方设备回装作业 …… 083
9.6.1 安全注意事项 …… 083
9.6.2 工作准备 …… 084
9.6.3 工作内容及步骤方法 …… 084
9.7 上风洞内机械设备检修作业 …… 086
9.7.1 安全注意事项 …… 086
9.7.2 工作准备 …… 086
9.7.3 工作内容及方法 …… 087
9.8 下风洞内机械设备检修作业 …… 088
9.8.1 安全注意事项 …… 088
9.8.2 工作准备 …… 088
9.8.3 工作内容及方法 …… 089

第10章 主变压器系统作业指导书 …… 090
10.1 主变检修作业 …… 090
10.1.1 安全注意事项 …… 090
10.1.2 工作准备 …… 091
10.1.3 工作内容及方法 …… 091
10.2 主变冷却器检修作业 …… 092

10.2.1 安全注意事项 …… 092
10.2.2 工作准备 …… 092
10.2.3 工作内容及方法 …… 092

第 11 章 厂用电系统作业指导书 …… 094
11.1 10.5 kV 母线 CT 检修作业 …… 094
11.1.1 安全注意事项 …… 094
11.1.2 工作准备 …… 094
11.1.3 检修工艺流程 …… 095
11.2 10.5 kV 母线 PT 检修作业 …… 095
11.2.1 安全注意事项 …… 095
11.2.2 工作准备 …… 096
11.2.3 检修工艺流程 …… 096
11.3 10.5 kV 母线检修作业 …… 097
11.3.1 安全注意事项 …… 097
11.3.2 工作准备 …… 098
11.3.3 工作内容及方法 …… 098
11.4 400 V 厂用电 I 段配电柜检修作业 …… 099
11.4.1 安全注意事项 …… 099
11.4.2 工作准备 …… 100
11.4.3 工作内容及方法 …… 100
11.5 直流系统作业 …… 100
11.5.1 安全注意事项 …… 100
11.5.2 工作准备 …… 101
11.5.3 工作内容及方法 …… 101
11.6 厂变负荷开关检修作业 …… 102
11.6.1 安全注意事项 …… 102
11.6.2 工作准备 …… 103
11.6.3 工作内容及方法 …… 103
11.7 厂变检修作业 …… 103
11.7.1 安全注意事项 …… 103
11.7.2 工作准备 …… 104
11.7.3 工作内容及方法 …… 104
11.8 机组出口断路器操作机构检修 …… 105

11.8.1 安全注意事项 …… 105
11.8.2 工作准备 …… 105
11.8.3 工作内容及方法 …… 106

第12章 励磁系统检修作业指导书 …… 107
12.1 机组励磁系统检修 …… 107
12.1.1 安全注意事项 …… 107
12.1.2 工作准备 …… 107
12.1.3 工作内容及方法 …… 108
12.2 机组滑环碳刷检查 …… 109
12.2.1 安全注意事项 …… 109
12.2.2 工作准备 …… 109
12.2.3 检修工艺流程 …… 110
12.3 励磁变维护检查 …… 110
12.3.1 安全注意事项 …… 111
12.3.2 工作准备 …… 111
12.3.3 工作内容及方法 …… 112

第13章 继电保护系统作业指导书 …… 113
13.1 110 kV 母线保护检修作业 …… 113
13.1.1 安全注意事项 …… 113
13.1.2 工作准备 …… 115
13.1.3 作业程序及作业标准 …… 116
13.2 110 kV 线路保护装置检修作业 …… 122
13.2.1 安全注意事项(以110 kV 弄那线为例) …… 122
13.2.2 工作准备 …… 124
13.2.3 作业程序及作业标准 …… 124
13.3 110 kV 断路器检修作业 …… 131
13.3.1 安全注意事项 …… 131
13.3.2 工作准备 …… 132
13.3.3 检修工艺流程 …… 132
13.4 主变保护柜检修作业 …… 133
13.4.1 安全注意事项 …… 133
13.4.2 工作准备 …… 134

13.4.3 工作内容及方法 …… 134
13.5 发电机保护柜检修作业 …… 137
13.5.1 安全注意事项 …… 137
13.5.2 工作准备 …… 138
13.5.3 工作内容及方法 …… 139

第14章 计算机监控系统作业指导书 …… 144
14.1 计算机监控系统上位机数据库备份作业 …… 144
14.1.1 安全注意事项 …… 144
14.1.2 工作准备 …… 145
14.1.3 工作内容及方法 …… 145
14.2 机组自动准同期装置维护作业 …… 146
14.2.1 安全注意事项 …… 146
14.2.2 工作准备 …… 146
14.2.3 工作内容及方法 …… 146
14.3 视频监控系统检查 …… 149
14.3.1 安全注意事项 …… 149
14.3.2 工作准备 …… 150
14.3.3 工作内容及方法 …… 150

附图 那比水电站系统图 …… 151
附图1 那比水电站总装配图1 …… 151
附图2 那比水电站水轮机总装配图 …… 152
附图3 那比水电站总装配图2 …… 153

第1章 •
作业指导书总则

1.1 设备检修基本原则

本指导书是参考国家规定的技术标准、制造厂提供的设计文件、设备实际运行情况而编制，仅适用于百色那比水力发电厂（简称电厂）。

生产运行、管理人员及外来相关人员在电厂进行检修相关工作时必须遵守《检修规程》及《检修作业指导书》的规定。

设备检修贯彻“安全第一、预防为主、综合治理”的方针，杜绝各类违章，确保人身和设备安全。

检修质量管理贯彻《质量管理体系要求》(GB/T 19001—2016)，实行全过程管理，推行标准化作业。

设备检修实行预算管理、成本控制。

本指导书按照国家有关规范和厂家设计资料、结合电厂设备实际情况制定。

检修工艺及技术要求遵照本指导书执行，其安全措施应严格遵照有关安全规程执行。

1.2 检修管理的基本要求

检修部门要在规定的期限内，完成既定的全部检修作业，达到质量目标和标准，保证机组安全、稳定、经济运行以及建筑物和构筑物的完整牢固。

设备检修采用 PDCA(P—计划、D—实施、C—检查、A—总结)循环的方法。从检修准备开始,确定各项计划和具体措施,做好施工、验收和修后评估工作。

检修部门要按照国家质量管理标准要求、厂家设计说明书和实际情况,建立质量管理体系和组织机构,编制质量手册,完善程序文件,推行工序管理。

检修部门要制定检修过程中的环境保护和劳动保护措施,合理处置各类废弃物,改善作业环境和劳动条件,文明施工,清洁生产。

检修人员应熟悉系统和设备的构造、性能和原理,熟悉设备的检修工艺、工序、调试方法和质量标准,熟悉安全工作规程;能掌握钳工、电工技能,能掌握与本专业密切相关的其他技能,能看懂图纸并绘制简单的零件图和电气原理图。

检修施工宜采用先进工艺和新技术、新方法,推广应用新材料、新工具,提高工作效率,缩短检修工期。

1.3 设备检修作业周期

设备检修作业周期见表 1-1。

表 1-1

作业名称	作业周期	作业类型
水轮机		
水发连轴拆除	3~5 年	机械 A 类
水轮机接力器检查	1 年	机械 C 类
水轮机控制环、导叶连杆及拐臂机构检查	1 年	机械 C 类
导水机构拆除	5~10 年	机械 A 类
导水机构检修回装	3~5 年	机械 A 类
水导轴承拆除	3~5 年	机械 A 类
转轮拆除	7~10 年	机械 A 类
转轮检修回装	3~5 年	机械 A 类
蜗壳排水阀操作	1 年	机械 C 类
调速器		
调速器机械设备检查	1 年	机械 C 类
机组调速器电柜检查	1 年	自动化 C 类
机组调速器静态试验	1 年	自动化 C 类

续表

作业名称	作业周期	作业类型
机组调速器动态试验	1 年	自动化 C 类
给排水系统		
技术供水系统检查	3 月	机械 D 类
渗漏排水泵检查	1 年	机械 C 类
渗漏排水泵电机检查	1 年	电气 C 类
检修排水泵检查	3 月	机械 D 类
检修排水泵电机检查	3 月	电气 D 类
压缩空气系统		
低压空压机检查	1 年	机械 C 类
高压空压机检查	1 年	机械 C 类
高压气罐排污阀检查	1 年	机械 C 类
起重系统		
尾水台车机械部分检查	1 年	机械 C 类
尾水台车控制回路检查	1 年	电气 C 类
主厂房桥机机械部分检查	1 年	机械 C 类
主厂房桥机控制回路检查	1 年	电气 C 类
GIS 室桥机机械部分检查	1 年	机械 C 类
GIS 室桥机控制回路检查	1 月	电气 D 类
生活区仓库桥式起重机机械部分检查	1 年	机械 C 类
闸门系统		
大坝弧门检修闸门检查	1 年	电气 C 类
进水口检修闸门检查	1 年	电气 C 类
尾水检修闸门检查	1 年	机械 C 类
大坝液压启闭机系统		
液压启闭机液压站检查	1 年	机械 C 类
液压启闭机控制柜检查	1 年	自动化 C 类
发电机系统		
发电机设备拆卸检修作业	7～8 年	电气 A 类
转子吊出机坑作业	7～8 年	电气 A 类
转子吊入机坑作业	7～8 年	电气 A 类
转子上方设备拆卸检修作业	7～8 年	电气 A 类
转子上方机械设备回装作业	7～8 年	电气 A 类

续表

作业名称	作业周期	作业类型
转子下方设备回装作业	7～8 年	电气 A 类
上风洞内机械设备检修作业	1 年	电气 C 类
下风洞内机械设备检修作业	1 年	电气 C 类
主变压器系统		
主变检修作业	1 年	电气 C 类
主变冷却器检修作业	1 年	电气 C 类
厂用电系统		
10.5 kV 母线 CT 检修作业	3 年	电气 B 类
10.5 kV 母线 PT 检修作业	1 年	电气 C 类
10.5 kV 母线检修作业	3 年	电气 B 类
400 V 厂用电Ⅰ段配电柜检修作业	1 年	电气 C 类
直流系统作业	1 年	电气 C 类
厂变负荷开关检修作业	1 年	电气 C 类
厂变检修作业	1 年	电气 C 类
机组出口断路器操作机构检修	1 年	电气 C 类
励磁系统		
机组励磁系统检修	1 年	电气 C 类
机组滑环碳刷检查	1 年	电气 C 类
励磁变维护检查	1 年	电气 C 类
继电保护系统		
110 kV 母线保护检修作业	1 年	电气 C 类
110 kV 线路保护装置检修作业	1 年	电气 C 类
110 kV 断路器检修作业	1 年	电气 C 类
主变保护柜检修作业	1 年	电气 C 类
发电机保护柜检修作业	1 年	电气 C 类
计算机监控系统		
计算机监控系统上位机数据库备份作业	3 月	自动化 D 类
机组自动准同期装置维护作业	1 年	电气 C 类
视频监控系统检查	1 年	电气 C 类

第 2 章 •
水轮机系统作业指导书

2.1 水发连轴拆除

水发连轴为水轮机主轴与发电机主轴相连的联轴器。水发连轴拆除，属于机械 A 类检修，检修周期为 3～5 年，适用于本电厂＃1～＃3 机组水发连轴。主要检修内容为水发连轴保护罩、连轴螺栓拆除。

2.1.1 安全注意事项

1. 工作风险分析

人身安全：误入间隔，误操作设备；安全措施未做好，机组设备可能会动作；临时工作平台倒塌，造成人员伤亡；高空作业，人员或工具、器具容易坠落；使用手拉葫芦起吊时滑链或脱落；工作照明不足，影响安全工作。

设备安全：设备体积较大，人工搬运时容易掉落受损；拆下的设备放置不当造成二次损坏。

2. 工作安全措施

针对以上风险分析，需要做好以下安全措施：

(1) 检修前，认真核对设备名称及编号，应与工作票上所载一致；认真核查机组大修安全隔离措施是否完全执行；搭设临时工作平台应牢固，并经安全验收合格后再使用；临时工作平台除主轴位置外，其余位置均应封闭。

(2) 工作前的设备状态：机组必须在"检修"态，机组进水蝶阀应在全关位置，并做好防止蝶阀开启的安全措施；尾水检修闸门应处于"全关闭"位置，并且闸门起吊工具与闸门完全脱离；调速器系统已泄压为零，回油箱、接力器及油管路的油应排空。

(3) 检修时，手拉葫芦性能要可靠，设置的吊点应满足起吊要求；工作时，水车室内照明设备应能提供充足的照明，人员要足够，并且要相互协调好。

(4) 检修后，拆下的设备应堆放在指定区域，并进行相关保护；由质量验收小组对本工作的进度及检修质量按照有关要求进行检查、验收并签字确认。

2.1.2 工作准备

水发连轴拆除工作准备见表 2-1。

表 2-1

序号	项目名称	项目清单
1	工具	专用螺栓加热器、M105 开口扳手、M105 梅花敲击扳手、1 t 的链式手拉葫芦 2 个、M16 吊环 2 个、铜棒 1 根、手锤 1 把、麻绳或吊装带 1 根、16 t 千斤顶 2 个、ϕ100 mm 角磨机 1 台、内六角扳手 1 套
2	防护工具	安全帽、防滑鞋子
3	材料	抹布
4	人力	专业技术人员 1 名、辅助工人 3 名
5	工期	约 1.5 天

2.1.3 工作内容及步骤

(1) 搭设临时工作平台，平台上表面距离水发连轴下法兰面约 1.5 m。

(2) 用内六角扳手拆除发电机轴法兰保护罩紧固螺栓及保护罩。

(3) 拆除发电机轴法兰保护罩的分瓣面把合螺栓及销钉，将保护罩分成两瓣并放置在下风洞盖板上。

(4) 拆除水轮机轴法兰保护罩紧固螺栓，利用手拉葫芦或者千斤顶将保护罩整体卸在临时平台上，在平台上将保护罩分解成两瓣移出水车室。

(5) 对水发连轴螺母点焊焊缝进行打磨，利用加热器对螺栓进行加热拆卸或者利用液压扳手进行拆卸。先对称将 14 颗螺栓拆除，并做好记号；再对称将连轴工具安装好，拆除余下 4 颗螺栓。

(6) 待连轴螺栓拆除完成后，利用连轴工具上的千斤顶缓慢将水轮机轴与发电机轴分开，直至水轮机转轮落到基础环上。

(7) 工作结束后，拆除临时搭设的工作平台，将木板、排架管及管扣全部移出水车室；清扫工作场地，检查应无工(器)具或其他异物遗落在工作现场；

必须在工作结束后3个工作日内完成拆除作业报告填写，提交部门审核存档。

2.2　水轮机接力器检查

水轮机接力器是负责调控导叶开度的液压控制装置。水轮机接力器检查属于机械C类检修，检修周期为1年，适用于本电厂＃1～＃3机组的接力器，检修内容为接力器检查。

2.2.1　安全注意事项

1. 工作风险分析

对于人身安全和设备安全，有以下几点风险：误入间隔，误操作设备；安全措施未做好，机组设备可能会误动作；使用手拉葫芦起吊时滑链或脱落；工作照明不足，影响安全工作；设备体积较大，人工搬运时易掉落砸伤人；拆下的设备放置不当造成二次损坏。

2. 工作安全措施(以＃1机组为例)

(1) 工作前，认真核对设备名称及编号，应与工作票上所列一致；认真核查机组大修安全隔离措施是否完全执行；手拉葫芦性能要可靠，设置的吊点应满足起吊要求。

(2) 工作前的设备状态：＃1机组应处于“停机”态；投入＃1机组调速器机柜紧急停机电磁阀01YY01EV；投入＃1机组机械制动风闸；关闭＃1机组进水蝶阀。

(3) 工作中，注意保护设备及自动化传感器元件；水车室内照明设备应能提供充足的照明；人员要足够，并且要相互协调好。

(4) 工作结束后，拆下的设备应堆放在指定区域，并进行相关保护；由质量验收小组对本工作的进度及检修质量按照有关要求进行检查、验收并签字确认。

2.2.2　工作准备

水轮机接力器检查工作准备见表2-2。

表2-2

序号	项目名称	项目清单
1	图纸	250接力器Q/LY3801—0027

续表

序号	项目名称	项目清单
2	工具	150 mm 钢板尺 1 把，活动扳手、内六角扳手 1 套，磁吸式手电筒 1 个
3	防护工具	安全帽、防滑鞋子、手套
4	材料	抹布
5	人力	专业技术人员 1 名、辅助工人 1 名
6	工期	约 0.5 天

2.2.3 工作内容及步骤

(1) 检查接力器整体外观是否完好。

(2) 检查接力器本体、端盖及其管路、排油阀门是否有渗漏情况。

(3) 检查接力器本体及其附属部件的紧固构件是否有松动。

(4) 检查接力器的导叶位置行程开关是否有松动或位移现象。

(5) 检查接力器活塞杆是否锈蚀、刮花或者异常磨损，活塞杆与叉头是否发生轴向移位。

(6) 工作中注意保护设备及自动化传感器元件。

(7) 由质量验收小组对本工作的进度及检修质量按照有关要求进行检查、验收并签字确认。

(8) 工作结束后，清扫工作现场，检查确认无工(器)具或其他异物遗落在工作现场。确认所有设备已恢复在正常状态。与当值值长确认工作结束，并交代当前设备状况，结束工作票。

2.3 水轮机控制环、导叶连杆及拐臂机构检查

水轮机控制环、导叶连杆及拐臂均位于水车室水轮机顶盖上方，是负责水轮机导叶控制的机械结构。其检修属于机械 C 类检修，检修周期为 1 年，适用于本电厂＃1～＃3 机组的控制环、连杆、拐臂机构的检修。

2.3.1 安全注意事项

1. 工作风险分析

人身安全角度，有以下几方面风险：

机组可能突然启动造成人身伤害；工作空间小，地滑，易摔倒；工作环境噪声大，损伤耳膜；高压油设备泄漏，喷油伤人；照明不足，行走易掉入孔洞。

设备安全角度，有以下几方面风险：

设备误掉入间隔，造成损伤；误碰导叶摩擦装置或剪断销，造成误发报警信号；顶盖及设备表面上有油污，造成环境污染。

2. 工作安全措施（以#1机组为例）

(1) 工作前，认真核对机组编号、设备名称及编号，确保无误；认真检查、确认各项安全隔离措施完全执行；进入水车室时，必须穿好防滑鞋，戴好安全帽；必要时需要戴上耳塞、耳套等防护用品；准备好足量吸顶灯、手电筒等辅助照明，小心行走。

(2) 工作前的设备状态：#1机组处于“停机”态；投入#1机组调速器机柜紧急停机电磁阀01YY01EV；投入#1机组机械制动风闸；关闭#1机组进水蝶阀。

(3) 工作中，注意保护设备及自动化传感器元件。请勿在高压油设备上进行紧固、敲击等危险操作。应始终与导叶摩擦装置、剪断销保持安全距离。

(4) 工作结束后，清理干净顶盖及设备表面上的油污；由质量验收小组对本工作的进度及检修质量按照有关要求进行检查、验收并签字确认。

2.3.2 工作准备

水轮机控制环、导叶连杆及拐臂机构检查工作准备见表2-3。

表2-3

序号	项目名称	项目清单
1	图纸	导水机构装配6L1.941.6601；顶盖装配6L1.977.6631；导叶拐臂装配2422—004457；水导轴承装配6L1.944.6661及主轴密封装配6L2.954.6601
2	工具	17 mm、18 mm、19 mm、36 mm梅花扳手，10寸活动扳手；吸顶照明灯2盏
3	防护工具	安全帽、防滑鞋子、手套
4	材料	抹布
5	人力	专业技术人员1名、辅助工人2名
6	工期	约0.5天

2.3.3 工作内容及步骤

(1) 检查每个导叶的剪断销及其摩擦装置是否完好。

(2) 检查连板上的固定销挡板焊缝是否有裂缝，销钉上的卡环是否存在掉落、异常磨损。

(3) 检查每个活动导叶的分瓣销及其压盖的紧固螺栓是否松动、掉落、断裂。

(4) 检查确认每个活动导叶是否存在漏水现象,若存在须查明原因。

(5) 检查每块限位块的焊缝情况,并检查周围有无杂物。

(6) 仔细检查顶盖连接双头螺栓有无出现松动情况。

(7) 工作中注意保护设备及自动化传感器元件。

(8) 工作结束后,清扫工作场地,检查有无工(器)具或其他异物遗落在工作现场;确认所有设备已恢复在正常状态;与当值值长确认工作结束,并交代当前设备状况,结束工作票。

2.4 导水机构拆除

导水机构检修为机械 A 类检修,检修周期为 5~10 年。适用于本电厂 ♯1~♯3 机组的导水机构,工作内容为导水机构拆除。

2.4.1 安全注意事项

1. 工作风险分析

人身安全角度,有以下几项风险:

误入间隔;安全措施未做好,设备可能会误动作;起吊工作频繁,吊物易掉落伤人;顶盖油多、台阶多,容易滑倒、摔倒;工作照明不足,影响安全工作。

设备安全角度,有以下几项风险:

人工搬运连杆机构时,易掉落伤人、损坏;大量设备需要桥机起吊,设备掉落伤人;水车室基坑内油污较多,容易污染环境。

2. 工作安全措施

(1) 工作前,认真核对设备名称及编号,应与工作票上所载一致;认真核查机组大修安全隔离措施是否完全执行;在工作场所必须穿好防滑鞋,戴好安全帽,谨慎行走;工作开展之前先清理油污及杂物。

(2) 机组在“停机”状态;机组进水蝶阀应在“全关”位置,并做好防止蝶阀开启的安全措施;尾水检修闸门应处于“全关”位置,并且闸门起吊工具与闸门完全脱离;所有与检修相关的机械、电气安全隔离措施均应安全隔离。

(3) 工作时,起重指挥由专人负责,起吊、司索确保安全;水车室内照明设备应能提供充足的照明;人员要足够,搬运行走时要注意安全;起吊时要将设备绑好，下方严禁站人或逗留。

(4) 工作结束后，拆下的设备应堆放在指定区域，并进行相关保护；由质量验收小组对本工作的进度及检修质量按照有关要求进行检查、验收并签字确认。

2.4.2 工作准备

导水机构拆除工作准备见表2-4。

表 2-4

序号	项目名称	项目清单
1	图纸	导水机构装配6L1.941.6601；顶盖装配6L1.977.6631；水导轴承装配6L1.944.6661及主轴密封装配6L2.954.6601等
2	工具	电动扳手(带24 mm、36 mm梅花套筒)，梅花扳手(36 mm)1把，双头梅花扳手18 mm、24 mm、30 mm各2～3把，开口扳手18 mm、24 mm、30 mm各2把，内六角扳手2～3套(5～14 mm)，链式手拉葫芦1 t、5 t各2个，16 t千斤顶4个，吊环M12、M20、M24、M30、M36、M42各4个，铜棒1根，手锤2～3把，导叶拐臂拆卸工具1套，活动扳手等
3	防护工具	安全帽、防滑鞋子
4	材料	抹布
5	人力	专业技术人员1名、辅助工人3名
6	工期	约1.5天

2.4.3 工作内容及步骤

(1) 对水车室内的检修平台及栏杆进行编号，拆除栏杆及检修平台并移出水车室。

(2) 拆除导水机构前，应将活动导叶打开至“全开”的位置，并卸除调速器系统的压力。

(3) 拆除接力器的销轴及管路，拆除左右接力器并吊至安装间停放待解体。

(4) 拆除导水机构与控制环之间的连杆机构，人工搬至水车室外指定位置并摆放整齐。

(5) 拆除控制环压板，在控制环的4个起吊孔上安装4个M30的吊环，吊环须拧紧到位，利用桥机起吊控制环并移至安装间指定位置存放。

(6) 拆除顶盖上所有水管、气管，吊出顶盖上的水导轴承、主轴密封等已拆下的设备。

(7) 拆除导叶端盖,用专用拔销工具拔除所有的导叶销及销套;拆除拐臂压板,安装导叶拐臂拆除工具,拔除 24 个导叶拐臂,人工搬出并成套整齐摆放在水车室外。

(8) 拔除导叶上套筒的定位销,松开并取出导叶上套筒的紧固螺栓,利用 2 个 M16 的顶丝,将导叶上套筒顶出,取下顶丝,人工搬出并成套整齐摆放在水车室外。用同样的方法拆除所有的导叶上套筒。

(9) 利用电动扳手拆除顶盖与座环连接螺栓。通过人工将螺栓螺母成套堆放于水车室外指定位置。

(10) 在顶盖的 4 个起吊点装上 4 个适合的卸扣,在桥机大钩上挂好钢丝绳(绳径及绳长要符合起吊顶盖的要求,顶盖自重约 6.6 t),并且在钩上挂上 1 个 5 t 手拉葫芦(用于微调),在水轮机轴上法兰边缘垫上一些软质物,防止钢丝绳划伤法兰边缘。调整各绳使其长度及拉力均匀,保证顶盖水平。

(11) 顶盖起吊工作准备就绪后,开始起吊顶盖。起吊顶盖时,要缓慢地起升,防止顶盖与转轮及其他物体碰刮;顶盖起吊的瞬间,要注意调整顶盖为水平,确定与周围无刮碰后再缓慢起吊顶盖,直至离开水轮机轴法兰。将顶盖移至安装间并停放在预先设置好的 4 个枕木上(枕木高度最少 200 mm)。

(12) 在桥机的副钩上,挂上一个 2 t 的手拉葫芦;在活动导叶端部装上 M24 吊环,调整副钩中心,使其与活动导叶端部吊环中心基本吻合。将副钩钩子与吊环连接,拉动葫芦使活动导叶提升,直至活动导叶下轴领全部离开底环,转用副钩起升活动导叶,吊至安装间指定位置按编号顺序整齐摆放。

(13) 导水机构拆除工作全部完成。以上步骤有些可以同时进行,不必按部就班。

(14) 工作结束后,清扫工作场地,检查有无工(器)具或其他异物遗落在工作现场;工作结束后 3 个工作日内填写作业报告,提交部门审核存档。

2.5 导水机构检修回装

导水机构检修回装为机械 A 类检修,周期为 3～5 年,适用于本电厂 ＃1～＃3 机组的导水机构。

2.5.1 安全注意事项

1. 工作风险分析

人身安全角度,有以下几方面风险:

误入间隔;安全措施未做好,机组设备可能会误动作;顶盖油多、台阶多,容易滑倒、摔倒;起吊工作频繁,吊物易掉落伤人;工作照明不足,影响安全工作。

设备安全角度,有以下几方面风险:

人工搬运连杆机构时,易掉落伤人、损坏;大量设备需要桥机起吊,设备掉落伤人;拆下的设备放置不当造成二次损坏;水车室基坑内油污较多,易污染环境。

2. 工作安全措施

(1) 工作前,认真核对设备名称及编号,应与工作票上所载一致;认真核查机组大修安全隔离措施是否完全执行;在工作场所必须穿好防滑鞋,戴好安全帽,谨慎行走;工作开展之前先清理油污及杂物。

(2) 工作前的设备状态:机组在“检修”态;机组进水蝶阀应在“全关”位置,并做好防止蝶阀开启的安全措施;尾水检修闸门应处于“全关”位置,并且闸门起吊工具与闸门完全脱离;所有相关的机械、电气安全隔离措施均应安全隔离。

(3) 起重指挥由专人负责,起吊、司索确保安全;水车室内照明设备应能提供充足的照明;人员要足够,搬运行走要注意安全;起吊时要将设备绑好,下方严禁站人或逗留。

(4) 工作结束后,拆下的设备应堆放在指定区域,并进行相关保护;由质量验收小组对本工作的进度及检修质量按照有关要求进行检查、验收并签字确认。

2.5.2 工作准备

导水机构检修回装工作准备见表 2-5

表 2-5

序号	项目名称	项目清单
1	图纸	导水机构装配 6L1.941.6601;顶盖装配 6L1.977.6631;水导轴承装配 6L1.944.6661 及主轴密封装配 6L2.954.6601 等
2	工具	电动扳手(带 24 mm、36 mm 梅花套筒),梅花扳手(36 mm)1 把,双头梅花扳手 18 mm、24 mm、30 mm 各 2～3 把,开口扳手 18 mm、24 mm、30 mm 各 2 把,内六角扳手 2～3 套(5～14 mm),链式手拉葫芦 1 t、5 t 各 2 个,16 t 千斤顶 4 个,吊环 M12、M20、M24、M30、M36、M42 各 4 个,铜棒 2 根,手锤 2～3 把,导叶拐臂拆卸工具 1 套,活动扳手等

续表

序号	项目名称	项目清单
3	防护工具	安全帽、防滑鞋子、安全梯子
4	材料	抹布
5	人力	专业技术人员1～2名、辅助工人6名
6	工期	约4～5天

2.5.3 工作内容及步骤

(1) 对底环的测量及清理工作已完成。

(2) 在转轮完成吊装并调整好后，开始吊装导叶(所有导叶在吊装前必须清理干净，有气蚀的地方已处理完毕)，在桥机的副钩上，挂上一个2 t的手拉葫芦；在活动导叶端部装上M24吊环，按照相应编号逐一吊装。

(3) 顶盖已清理完成并按相关要求涂漆，安装好顶盖与座环间 ϕ8 mm密封条，在顶盖的4个起吊点装上4个适合的卸扣，在桥机大钩的2个钩子上挂好钢丝绳(绳径及绳长要符合起吊顶盖要求，顶盖自重约6.6 t)，并且每个钩上挂上1个5 t手拉葫芦(用于微调)，在水轮机轴上法兰边缘垫上一些软质物，防止钢丝绳划伤法兰边缘。调整各绳使其长度及拉力均匀，保证顶盖水平。在吊装顶盖时，要缓慢地下降，确保四周无剐蹭，待吊装到位后，安装顶盖与座环的销钉与螺栓。

(4) 待顶盖安装到位后，分别安装导叶中套筒及拐臂。

(5) 吊装水轮机左右2只接力器。

(6) 吊装控制环及水导轴承座，轴承座需用2根方木横放在控制环上，待后期回装利用手拉葫芦吊装。

(7) 主轴密封、空气围带、转动油盆、水导瓦及其附件待盘车完成后回装。

(8) 工作结束后，清扫工作场地，检查应无工(器)具或其他异物遗落在工作现场；工作结束后3个工作日内填写作业报告，提交部门审核存档。

2.6 水导轴承拆除

水导轴承负责承受水轮机径向力，其检修为机械A类检修，周期为3～5年，适用于本电厂#1～#3机组的水导轴承拆除工作。

2.6.1 安全注意事项

1. 工作风险分析

人身安全角度,有以下几方面风险:

误入间隔;安全措施未做好,机组设备可能会误动作;工作空间小,地面滑,易摔倒;水车室照明不足,影响安全工作;使用手拉葫芦起吊设备时滑链或脱落;工作照明不足,影响安全工作。

设备安全角度,有以下几方面风险:

设备体积较大,人工搬运时易掉落伤人;桥机吊运设备可能掉落伤人;拆下的设备放置不当造成二次损坏;水车室基坑内油污较多,容易造成环境污染。

2. 工作安全措施

(1) 工作前,认真核对设备名称及编号,应与工作票上所载一致;认真核查机组大修安全隔离措施是否完全执行;在工作场所必须穿好防滑鞋,戴好安全帽,谨慎行走;工作开展之前先清理油污及杂物。

(2) 工作前设备状态:机组在"检修"态;机组进水蝶阀应在"全关"位置,并做好防止蝶阀开启的安全措施;尾水检修闸门应处于"全关"位置,并且闸门起吊工具与闸门完全脱离;所有相关的机械、电气安全隔离措施均应安全隔离;调速器系统已泄压为零,回油箱、接力器及油管路的油应排空。

(3) 工作时,水车室内照明设备应能提供充足的照明,准备好吸顶灯等辅助照明,确保照明充足;手拉葫芦性能要可靠,设置的吊点应满足起吊要求;人员要足够,并且要相互协调好;起吊时要将设备捆绑好,吊物下方严禁站人或逗留。

(4) 工作结束后,拆下的设备应堆放在指定区域,并进行相关保护;由质量验收小组对本工作的进度及检修质量按照有关要求进行检查、验收并签字确认。

2.6.2 工作准备

水导轴承拆除工作准备见表 2-6。

表 2-6

序号	项目名称	项目清单
1	图纸	导水机构装配 6L1.941.6601、水导轴承平面布置图 6L1.944.6661

续表

序号	项目名称	项目清单
2	工具	电动扳手(带 24 mm、36 mm、46 mm 梅花套筒),18 mm、24 mm、30 mm 双头梅花扳手各 2 把,18 mm、24 mm、30 mm 开口扳手各 2 把,内六角扳手 1 套(5～14 mm),1 t 的链式手拉葫芦 2 个,M30、M16 吊环各 4 个,铜棒 1 根,手锤 1 把等
3	防护工具	安全帽、防滑鞋子
4	材料	方木、抹布
5	人力	专业技术人员 1 名、辅助工人 4 名
6	工期	约 4 天

2.6.3 工作内容及步骤

(1) 拆除水导油位计、油混水变送器及其信号线,拆除水导瓦测温电阻信号线。

(2) 将水导轴承油槽的润滑透平油排尽。

(3) 拆除水导冷却水进、排水管及外置油冷却器,移出水车室外,摆放至指定位置。

(4) 拆除水导油槽上盖板定位销定及紧固螺栓,并将油槽上盖板解体成两瓣,利用人工将上盖板移出水车室,摆放至指定位置。

(5) 拆除轴承盖、水导瓦及油槽的测温装置;小心拆除水导瓦,以防碰伤瓦面,将水导瓦移出到水车室外指定位置整齐摆放,并用洁净白布盖住瓦面。

(6) 拆除水导瓦轴承座,将其分成两瓣,利用手拉葫芦移至控制环上,并用枕木垫好,待发电机拆除完毕后,再利用桥机吊至安装间指定位置存放。

(7) 拆除转动油盆,将转动油盆分解成两瓣,利用手拉葫芦移至水轮机层指定位置。

(8) 拆除转动油盆与主轴固定的卡环,并放置在水轮机层指定位置。

(9) 清扫工作场地,检查应无工(器)具或其他异物遗落在工作现场;工作结束后 3 个工作日内填写作业报告,提交部门审核存档。

2.7 转轮拆除

转轮拆除属于机械 A 类检修,检修周期为 7～10 年,适用于本电厂＃1～＃3 机组水轮机轴及转轮的拆除工作。

2.7.1 安全注意事项

1. 工作风险分析

对于人身安全和设备安全，有以下几点风险：

高空作业，人员、工具易坠落；顶盖吊走后，易踩空；工作照明不足，影响安全工作；起吊时，转轮碰撞底环，损坏止漏环。

2. 工作安全措施

(1) 工作前，划分施工区域，设置警戒标志并由专人监护；水车室入口要设置护栏，人员应从固定导叶处进入。

(2) 工作前设备状态：机组在“检修”态；机组进水蝶阀应在“全关”位置，并做好防止蝶阀开启的安全措施；尾水检修闸门应处于“全关”位置，并且闸门起吊工具与闸门完全脱离；所有相关的机械、电气安全隔离措施均应安全隔离。

(3) 工作时，必须系好安全带，安全带固定在牢固的构件上；工作区域应保证充足的照明；调整吊具中心与主轴法兰中心吻合再连接，缓慢起吊。

(4) 工作结束后，由质量验收小组对本工作的进度及检修质量按照有关要求进行检查、验收并签字确认。

2.7.2 工作准备

转轮拆除工作准备见表 2-7。

表 2-7

序号	项目名称	项目清单
1	图纸	转动部分装配图 6L1.942.6601、水轮机主轴加工图 9L1.201.6601、转轮加工剖面图 6L1.981.6601
2	工具	转轮起吊专用吊具、105 mm 专用梅花扳手、电动扳手、梅花扳手、内六角扳手等
3	防护工具	安全帽、防滑鞋子
4	材料	抹布
5	人力	专业技术人员 1 名、辅助工人 2 名
6	工期	约 2 天

2.7.3 工作内容及步骤

(1) 在发电机下风洞盖板未拆除之前将水轮机主轴吊具安装好。

(2) 缓慢起吊转轮,保证转轮不与底环碰刮,直至转轮完全离开底环。将转轮吊出机坑并移至安装间指定位置,在地板上垫上厚木板,保证木板能与转轮底部全部接触,将转轮缓慢落在木板上。

(3) 拆除水轮机主轴与吊具之间连接螺栓下部的螺母,将吊具落在地面上并卸下吊具,在水轮机主轴上法兰面及孔中涂抹一些透平油防锈,转轮吊出机坑的工作完成。

(4) 对转轮与主轴连接螺母点焊焊缝进行打磨,清理干净连轴螺母及孔中的水和杂物。

(5) 利用加热器对螺栓进行加热拆卸或者用液压扳手进行拆卸,取出连轴螺栓待进行探伤检测。

(6) 工作结束后,清扫工作场地,检查有无工(器)具或其他异物遗落在工作现场;在工作结束后 3 个工作日内完成拆除作业报告填写,提交部门审核存档。

2.8 转轮检修回装

转轮检修回装为机械 A 类检修,检修周期为 3～5 年,适用于本电厂♯1～♯3 机组水轮机轴及转轮的回装工作。

2.8.1 安全注意事项

1. 工作风险分析

对于人身安全和设备安全,有以下几点风险:

高空作业,人员、工具易坠落;顶盖吊走后,易踩空;工作照明不足,影响安全工作;起吊时,转轮碰撞底环,损坏止漏环。

2. 工作安全措施

(1) 工作前,划分施工区域,设置警戒标志并由专人监护;水车室进入口要设置护栏,人员应从固定导叶处进入。

(2) 工作前设备状态:机组在“检修”态;机组进水蝶阀应在“全关”位置,并做好防止蝶阀开启的安全措施;尾水检修闸门应处于“全关”位置,并且闸门起吊工具与闸门完全脱离;所有相关的机械、电气安全隔离措施均应安全隔离。

(3) 工作时,必须系好安全带,安全带固定在牢固的构件上;工作区域应保证充足的照明;调整吊具中心与主轴法兰中心吻合再连接,缓慢起吊。

(4) 工作结束后,由质量验收小组对本工作的进度及检修质量按照有关要求进行检查、验收并签字确认。

2.8.2 工作准备

转轮检修回装工作准备见表2-8。

表2-8

序号	项目名称	项目清单
1	图纸	转动部分装配图6L1.942.6601、水轮机主轴加工图9L1.201.6601、转轮加工剖面图6L1.981.6601
2	工具	转轮起吊专用吊具、转轮连轴专用扳手、105 mm专用梅花扳手、内六角扳手
3	防护工具	安全帽、防滑鞋子
4	材料	抹布
5	人力	专业技术人员1名、辅助工人3名
6	工期	约3天

2.8.3 工作内容及步骤

(1) 全面清理干净大轴下法兰附近表面的铁锈及水垢,彻底清理干净螺孔内的杂物。

(2) 安装转轮与大轴的连接螺柱(须探伤合格)及连轴螺母,用配套的转轮连轴专用扳手按对称方式拧紧全部连轴螺母,再用专用加热器对螺栓进行加热,连轴螺栓的伸长值为0.51 mm。

(3) 待螺栓拉伸值符合要求后,对螺母进行点焊,点焊的位置以不影响下次检修为宜,焊缝长度约为30～40 mm。

(4) 安装转轮上方平台盖板,并紧固牢靠。

(5) 在尾水管的基础环圆周方向上,均布8对楔子板。调整好楔子板高度,保证转轮落在楔子板上后,其位置比实际运行时的位置低4～5 mm。

(6) 清理干净转轮及底环上的杂物,安装转轮连轴专用的吊具,将转轮吊入机坑。待转轮靠近底环时,暂停下落,调整好转轮中心(保证转轮能顺利进入底环而不发生碰刮)。缓慢落下转轮,直至完全落在楔子板上,松钩拆除吊具。

(7) 调整转轮中心及水平。调整转轮下止漏环四周间隙均匀(设计总间隙为1.93 mm,实际可能略偏小),通过微调楔子板高度,保证水轮机轴发电机侧的法兰水平。转轮检修回装工作结束。

（8）工作结束后，清扫工作场地，检查应无工（器）具或其他异物遗落在工作现场；在工作结束后3个工作日内完成拆除作业报告填写，提交部门审核存档。

2.9 蜗壳排水阀操作

蜗壳排水阀检修是机械C类检修，检修周期为1年，适用于本电厂＃1～＃3机组蜗壳排水阀操作。

2.9.1 安全注意事项

1. 工作风险分析

对于人身安全和设备安全，有以下几点风险：

容易扭伤；操作机构损坏；设备加油时，有污染环境的风险。

2. 工作安全措施（以＃1机组为例）

（1）工作前设备状态：＃1机组应处于“停机”态；投入＃1机组调速器机柜紧急停机电磁阀01YY01EV；投入＃1机组机械制动风闸；关闭＃1机组进水蝶阀；＃1机组尾水闸门已在“全关”位置。

（2）工作时，严格按照设备操作步骤进行；按时保养操作机构，操作时禁止暴力操作；注油时用漏斗接好，防止油漏到排水沟污染环境。

（3）工作结束后，由质量验收小组对本工作的进度及检修质量按照有关要求进行检查、验收并签字确认。

2.9.2 工作准备

蜗壳排水阀操作工作准备见表2-9。

表2-9

序号	项目名称	项目清单
1	图纸	6L1.452.6601
2	工具	手电筒、扳手
3	防护工具	安全帽、防滑鞋子、线手套
4	材料	抹布
5	人力	专业技术人员1名、辅助工人1名
6	工期	约0.5天

2.9.3 工作内容及方法

1. 开启操作

检查确认待操作阀门是否与工作票相符；检查确认阀体各部连接紧固无松动。阀门的开启方向为逆时针转动手轮，开启阀门时，用力要均匀，同时阀门的开启速度不能过快，以免压力过大冲击、损坏管件。

2. 关闭操作

阀门的关闭方向为顺时针，关闭阀门时应均匀用力，缓慢关闭。待阀门手轮受力后，如排水管还有异响，可对阀体转轮再做进一步加力，直到排水管无异响为止。

3. 清理场地

工作结束后，清扫工作场地，检查有无工（器）具或其他异物遗落在工作现场；确认所有设备已恢复在并正常状态；与当值 ON-CALL 确认工作结束，并交代当前设备状况，结束工作票。

第3章 ● 调速器系统作业指导书

3.1 调速器机械设备检查

调速器机械设备检查是机械C类检修，检修周期为1年，适用于本电厂#1～#3机组的调速器机械设备检查作业。

3.1.1 安全注意事项

1. 工作风险分析

对于人身安全和设备安全，有以下几点风险：

场地油污多，地面滑，人员容易摔倒；高压油、高压气设备容易伤人；噪声场所，影响人体健康；检查运行中的设备时，容易造成机械保护动作；使用过、沾有油的抹布乱丢弃，污染环境。

2. 工作安全措施（以#1机组为例）

(1) 工作前，正确穿防滑鞋，正确佩戴护耳设备。

(2) 工作前设备状态：机组在“停机”态；将#1机组调速器导叶控制方式切换至“机手动”位置；投入#1机组调速器事故配压阀01YY02EV。

(3) 工作时，正确操作，禁止触碰运行中的自动化元器件；禁止随意丢弃，垃圾集中处理；防止误碰运行设备。

(4) 工作结束后，由质量验收小组对本工作的进度及检修质量按照有关要求进行检查、验收并签字确认。

3.1.2 工作准备

调速器机械设备检查工作准备见表3-1。

表3-1

序号	项目名称	项目清单
1	图纸	调速器竣工图
2	工具	各式内六角扳手、加力套筒、24 mm梅花扳手、活动扳手
3	防护工具	安全帽、防滑鞋子、耳塞
4	材料	抹布
5	人力	专业技术人员1名、辅责1名
6	工期	约0.5天

3.1.3 工作内容及方法

(1) 认真查看调速器回油箱油位、油温是否在正常运行范围内;检查系统压力并对比各表(计)压力值是否一致。

(2) 仔细检查调速器回油箱所有外露油管路及接头有无渗油现象,有无金属裂纹等缺陷。

(3) 检查主配压阀、事故配压阀、泵出口阀组的运行情况是否正常,固定螺栓是否有松动。

(4) 分别启动两台油泵,检查油泵声音是否正常,泵站出口油压是否正常。

(5) 仔细检查压力油罐进人门密封处有无渗漏。

(6) 采用肥皂水涂抹,仔细检查调速器及补气装置所有气管路及接头有无漏气现象。

(7) 采用肥皂水涂抹,仔细检查调速器压力油罐安全阀有无漏气现象。

(8) 仔细检查调速器压力油罐所有外露油管路及接头有无渗油现象。

(9) 检查漏油箱油位是否在正常运行范围内,外露油管路有无渗漏。

(10) 启停漏油泵检查油泵声音及运行是否正常。

(11) 记录停机状态下各油泵启停间隔时间。

注意事项:♯1机组调速器应检查电液转换集成模块的所有螺栓是否有松动,检查螺栓的标记线有无位移现象,查看模块外部是否有漏油。

(12) 工作结束后,清扫工作场地,检查有无工具或其他异物遗落工作现场;确认所有设备已恢复在正常状态;与当值值长确认工作结束,并交代当前设备状况,结束工作票。

3.2 机组调速器电柜检查

机组调速器电柜检查是自动化C类检修,检修周期为1年,适用于本电厂#1～#3机组调速器电柜检查作业。

3.2.1 安全注意事项

1. 工作风险分析

人身安全角度:噪声场所,影响人体健康。

2. 工作安全措施(以#1机组为例)

(1) 工作前,正确佩戴护耳设备。

(2) 工作前设备状态:#1机组在"停机"态;将#1机组调速器导叶控制方式切换至"机手动"位置;投入#1机组调速器事故配压阀01YY02EV。

(3) 工作后,由质量验收小组对本工作的进度及检修质量按照有关要求进行检查、验收并签字确认。

3.2.2 工作准备

机组调速器电柜检查工作准备见表3-2。

表3-2

序号	项目名称	项目清单
1	图纸	调速器机柜电气原理图纸
2	仪器	FLUKE万用表、继保仪
3	工具	自动化人员配备的工具、吸尘器
4	防护工具	安全帽、防滑鞋子
5	材料	抹布、酒精
6	人力	专责1名、辅责1名
7	工期	约0.5天

3.2.3 工作内容及方法

(1) 设备清洁:先用吸尘器和抹布把柜内灰尘清除干净,再用酒精将所有设备擦拭一遍，并紧固所有端子。

（2）检查电源模块：测量输出值，确保其稳定且无跳跃。

（3）检查盘柜控制面板：观察面板是否有报警及指示灯是否有异常闪烁；如有异常现象须查找原因并解决。

（4）PLC模块检查：检查PLC开入开出量指示灯是否正常，通过面板上的按钮（指示灯）进行。

（5）继电器校验：用继保仪校验电柜内所有继电器，主要看动作值和返回值是否符合要求。

（6）转速测量装置PLC校验：用继保仪对PLC转速继电器进行校验。调节继保仪输出5 V交流电，接至转速装置的端子X2：3和X2：4，用万用表测PLC输出的4～20 mA电流（端子X4：7和X4：8），在调节继保仪输出频率的过程中观察PLC输出电流是否跟随输出频率成线性增长，记录PLC各开出点（转速≤0.5%、转速≥85%、转速≥95%、转速≥106%、转速≥140%、转速＜95%、转速＜80%）动作时的继电器动作是否正确。

（7）参数检查：通过控制面板浏览内部控制参数，确认其正确。

（8）工作结束后，清扫工作场地，检查无工具或其他异物遗落工作现场；确认所有设备已恢复在正常状态；与当值值长确认工作结束，并交代当前设备状况，结束工作票。

3.3 机组调速器静态试验

机组调速器静态试验是自动化C类检修，检修周期为1年，适用于#1～#3机组调速器静态试验作业。

3.3.1 安全注意事项

1. 工作风险分析

对于人身安全和设备安全，有以下几点风险：

误碰带电部位；二次回路通电试验造成触电。

2. 工作安全措施（以#1机组为例）

（1）工作前，工作面设置围栏、警示牌，指派专人监护；使用绝缘工具，穿长袖工作服并将袖口扣好，必要时戴绝缘手套；所甩开的线头用绝缘胶带包好；确认水车室内无人工作。

（2）工作前设备状态：机组进水蝶阀未开启；机组调速器压力油罐已建压

完成;机组事故配压阀已复归。

(3) 工作时,拆接试验线时,必须把外加电流、电压降至零位,关闭试验装置电源后方可进行;试验线线夹必须带绝缘套,试验线不允许有裸露处,接头要用绝缘胶布包好,接线端子旋钮要拧紧。

(4) 工作后,由质量验收小组对本工作的进度及检修质量按照有关要求进行检查、验收并签字确认。

3.3.2 工作准备

机组调速器静态试验工作准备见表 3-3。

表 3-3

序号	项目名称	项目清单
1	图纸	机组调速器电气原理图纸
2	仪器	FLUKE 万用表、笔记本电脑
3	工具	自动化人员配备的工具
4	防护工具	安全帽、防滑鞋子
5	材料	抹布
6	人力	专责 1 名、辅责 1 名
7	工期	约 1 天

3.3.3 工作内容及方法

1. 试验条件

在机组停机蜗壳静水条件下,模拟机组并网,开度给定为 50%,电气开限 100%,大网负载参数为 BP=6%、BT=20%、TD=80%、TN=0、E=0,小网人工死区修改为 2Hz。

2. 试验方法

(1) 接通电源,打开测试仪器。

(2) 试验类型选择:“交流测试”。

(3) 将变量选定为“频率”。

(4) 设定步长为“0.2”。

(5) 将其输出端接至调速器机频输入端(接至 42、43 两个端子),并模拟机组并网(短接第 3 和第 15 端子)。

(6) 在触摸屏上输入密码,进入“操作”一栏,修改大网参数、小网参数人工死区至预定值。

(7) 预先将导叶开度手动开至50%。

(8) 利用计保仪频率发生器发50 Hz频率,待导叶稳定后,记录导叶开度。

(9) 每降低0.2 Hz,待导叶稳定后,记录导叶开度及相对应的频率,共计12点。

(10) 在第9相最低频率的基础之上每增加0.2 Hz,待导叶稳定后,记录其导叶开度及对应频率,共计12点。

(11) 去掉前后两点,绘制静特性曲线,校验永态转差系数和转速死区。

3. 试验结果(表3-4)

表3-4

频率	48.8	49	49.2	49.4	49.6	49.8	50	50.2	50.4	50.6
导叶开度关方向										
导叶开度开方向										

4. 导叶全开全关试验

确认“试验开关”已投入,调速器为手动状态且处于并网态,设置手动增益为2,手动增开度给定至100%,用试验仪器记录导叶开关过程。

5. 转速值校对

观察仪器发出的频率与面板显示的转速值是否一致。

6. 开度值标定

控制方式切至手动,并将导叶开度依次开至10%、90%两个开度值,利用仪器对这两个开度进行标定。

7. 电源切换试验

确认调速器为自动状态且处于并网态,转速显示正常,轮流切换交直流电源,观察转速值是否有变动或跳跃。

8. 开度阶跃试验

进入“实时状态和调节参数”界面,开度给定为50%,然后将开度调为60%做一个上阶跃,再恢复值50%做一个下阶跃,观察波形图是否符合要求。

9. 静特性试验

先将导叶控制方式切手动控制,手动开导叶至50%,再切至自动控制方式,后续工作可由试验仪器自动完成。试验要求:非线性度 $\varepsilon \leqslant 6\%$、转速死区 $\leqslant 0.02\%$,如试验结果不符合要求须重新试验。

注：试验完成后，曾改动过的参数、接线及继电器等必须恢复原样。

10. 场地清理

工作结束后，清扫工作场地，检查无工具或其他异物遗落工作现场；确认所有设备已恢复在正常状态；与当值值长确认工作结束，并交代当前设备状况，结束工作票。

3.4 机组调速器动态试验

机组调速器动态试验是自动化C类检修，检修周期为1年，适用于＃1～＃3机组调速器。

3.4.1 安全注意事项

1. 工作风险分析

对于人身安全和设备安全，有以下几点风险：

误入间隔；设备转动导致人身伤害。

2. 工作安全措施（以＃1机组为例）

(1) 工作前，工作负责人应在工作现场向工作班成员交代工作内容、停电范围及注意事项；工作中要认真核对设备名称，做好相互监护和提醒。指派专人监护，禁止靠近设备转动部分。确认水车室内无人工作。

(2) 工作前设备状态：机组蜗壳已完成充水，进水蝶阀已开启；机组调速器压力油罐已建压完成；机组事故配压阀已复归；机组具备空转条件。

(3) 工作后，由质量验收小组对本工作的进度及检修质量按照有关要求进行检查、验收并签字确认。

3.4.2 工作准备

机组调速器动态试验工作准备见表3-5。

表3-5

序号	项目名称	项目清单
1	图纸	调速器电气原理图纸
2	仪器	FLUKE万用表、笔记本电脑
3	工具	自动化人员配备的工具
4	防护工具	安全帽、防滑鞋子

续表

序号	项目名称	项目清单
5	材料	抹布
6	人力	专责1名、辅责1名
7	工期	约1.5天

3.4.3 工作内容及方法

(1) 试验准备：将导叶位移传感器反馈信号端子X1∶25、X1∶26(0～10 V)接入试验仪器；从电调柜内的端子X1∶42、X1∶43取机频A、C相信号接至试验仪器；上位机自动开机将机组开空转直至转速稳定。

(2) 空载扰动试验：先记录机组空载控制参数，进入“实时状态和调节参数”界面，频率给定初始值为50 Hz，通过改变频率给定值来进行扰动，扰动顺序为50 Hz→52 Hz→50 Hz→48 Hz－50 Hz，观察扰动曲线是否符合要求，试验规程要求超调量≤30%、调节时间≤40 s，如不符合可改变参数重新试验(该参数作为运行参数，试验完成后不用恢复)。

(3) 空载3 min频率摆动试验：保持机组在“空转”态，机组控制方式仍为转速控制，观察机组频率在3 min之内的曲线，规程要求机频的波峰值与波谷值之差不能大于0.15 Hz，如超过该值须重新试验。

注：试验完成后须恢复曾变动的部分，机组控制参数除外。

(4) 工作结束后，清扫工作场地，检查无工具或其他异物遗落工作现场；确认所有设备已恢复在正常状态；与当值值长确认工作结束，并交代当前设备状况，结束工作票。

第4章 •

给排水系统作业指导书

4.1 技术供水系统检查

技术供水系统检查是机械D类检修，检修周期为3个月，适用于全厂技术供水系统检查作业。

4.1.1 安全注意事项

1. 工作风险分析

对于人身安全和设备安全，有以下几点风险：

噪声场所，影响人体健康；误触碰自动化元件；连接螺栓拉伸力过大损坏设备；工作中产生垃圾污染环境。

2. 工作安全措施

(1) 工作前，正确佩戴护耳设备。

(2) 工作时，提高警惕，保持距离；根据拉伸力要求正确紧固螺栓。

(3) 工作后，按要求正确回收垃圾，正确处置；由质量验收小组对本工作的进度及检修质量按照有关要求进行检查、验收并签字确认。

4.1.2 工作准备

技术供水系统检查工作准备工作准备见表4-1。

表 4-1

序号	项目名称	项目清单
1	图纸	根据实际情况选择设备图纸
2	工具	手电筒、手锤、活动扳手
3	防护工具	安全帽、防滑鞋子、线手套
4	材料	抹布
5	人力	专责1名、辅责1名

4.1.3 工作内容及方法

1. 滤水器检查

(1) 各滤水器运行是否平稳,有无异常声音、剧烈振动。

(2) 各滤水器外壳有无裂纹、锈蚀,表面是否干净无油污。

(3) 记录各滤水器前后压力值,检查压差是否正常,有无堵塞现象,各表计指示是否正确。

(4) 组合面和各处接头有无渗漏。

2. 减压阀检查

(1) 各减压阀运行是否平稳,有无剧烈振动或其他异常现象。

(2) 记录各减压阀出口压力值,检查该值是否在正常范围内,各表计指示是否正确。

(3) 各减压阀外壳有无裂纹、锈蚀,表面是否干净无油污。

(4) 各减压阀前后压差是否正常,有无堵塞现象。

(5) 组合面和各处接头有无渗漏。

3. 安全阀检查

(1) 各安全阀外壳有无裂纹、锈蚀,表面是否干净无油污。

(2) 组合面和各处接头有无渗漏。

4. 管路、阀门及表计检查

(1) 各阀门的阀柄、手柄操作是否灵活可靠,盘根处有无渗漏。

(2) 各连接法兰有无渗漏。

(3) 各管路支架是否牢固。

5. 场地清理

工作结束后,清扫工作场地,检查无工具或其他异物遗落工作现场;确认所有设备已恢复在正常状态;与当值值长确认工作结束,并交代当前设备状况,结束工作票。

4.2 渗漏排水泵检查

渗漏排水泵检查是机械C类检修，检修周期为1年，适用于♯1、♯2渗漏排水泵及附属设备定检作业。

4.2.1 安全注意事项

1. 工作风险分析

对于人身安全和设备安全，有以下几点风险：

转动部件伤害；噪声场所，影响人体健康；填料函压盖压得太紧，易损坏转动部件；使用过、沾有油的抹布乱丢弃，污染环境。

2. 工作安全措施

(1) 工作前，佩戴护耳设备。

(2) 工作时，将渗漏排水泵控制方式切至“切除”位置；启动试验时保持安全距离；填料函压盖适度压紧，允许少量漏水。

(3) 工作后，垃圾集中处理；由质量验收小组对本工作的进度及检修质量按照有关要求进行检查、验收并签字确认。

4.2.2 工作准备

渗漏排水泵检查工作准备见表4-2。

表4-2

序号	项目名称	项目清单
1	图纸	相应的图纸
2	工具	手电筒、手锤、10″活动扳手、24 mm梅花扳手、19 mm梅花棘轮扳手
3	防护工具	安全帽
4	材料	抹布
5	人力	专责1名、辅责1名
6	工期	约0.5天

4.2.3 工作内容及方法

(1) 检查排水泵抽水是否正常，判断排水泵是否有异常运行情况。

(2) 检查排水泵数显水位计显示是否正常，水位应在水位计的中线附近，各启停泵接点能够可靠动作。

(3) 检查排水泵地脚螺栓是否松动。

(4) 检查密封填料,压盖压紧程度合适,无明显发热;抽水时不应有较大漏水,以正好无漏水或稍有小量漏水为宜。

(5) 检查出口逆止阀各部件。逆止阀开关灵活,无卡滞,能防止水倒灌。

(6) 通过视屏系统监视检修集水井水位情况,查看是否在正常范围内。

(7) 在运行人员配合下,现场进行排水泵启动试验(3～5 min),检查排水泵工作是否正常;应无异常噪声、无剧烈抖动现象。

(8) 工作结束后,清扫工作场地,检查无工具或其他异物遗落工作现场;确认所有设备已恢复在正常状态;与当值 ON-CALL 确认工作结束,并交代当前设备状况,结束工作票。

4.3 渗漏排水泵电机检查

渗漏排水泵电机检查是电气 C 类检修,检修周期为 1 年,适用于♯1、♯2 渗漏排水泵电气部分检查作业。

4.3.1 安全注意事项

1. 工作风险分析

人身安全角度:容易有触电危险。

2. 工作安全措施

(1) 工作前设备状态:将♯1、♯2 渗漏排水泵控制方式切至“切除”位置;断开♯1 渗漏排水泵供电开关 QF1,断开♯2 渗漏排水泵供电开关 QF2;工作过程中不要碰摸旋转部分和自动化元件,正确使用绝缘电阻表。

(2) 工作时保持安全距离,佩戴绝缘保护器具。

(3) 工作后,由质量验收小组对本工作的进度及检修质量按照有关要求进行检查、验收并签字确认。

4.3.2 工作准备

渗漏排水泵电机检查工作准备见表 4-3。

表 4-3

序号	项目名称	项目清单
1	仪器	绝缘电阻表、万用表、直流电阻测试仪
2	工具	电工工具
3	防护工具	安全帽、防滑鞋子、绝缘手套
4	材料	抹布
5	人力	专责 1 名、辅责 1 名
6	工期	约 0.5 天

4.3.3 工作内容及方法

(1) 检测电机绕组对外壳地绝缘电阻：使用兆欧表 500 V 档检测，检测值应大于 0.5 MΩ。

(2) 用双臂电桥直流电阻测试仪分别测量电机三相绕组直流电阻，其最大值与最小值之差应不大于平均值的 4%。

(3) 工作结束后，清扫工作场地，检查无工具或其他异物遗落工作现场；确认所有设备已恢复在正常状态；与当值值长确认工作结束，并交代当前设备状况，结束工作票。

4.4 检修排水泵检查

检修排水泵检查是机械 D 类检修，检修周期为 3 个月，适用于♯1、♯2 检修排水泵及附属设备检查作业。

4.4.1 安全注意事项

1. 工作风险分析

对于人身安全和设备安全，有以下几点风险：

转动部件伤害；噪声场所，影响人体健康；填料函压盖压得太紧，易损坏转动部件；使用过、沾有油的抹布乱丢弃，污染环境。

2. 工作安全措施

(1) 工作前设备状态：将检修排水泵控制方式切至“切除”位置。

(2) 工作时佩戴护耳设备；启动试验时保持安全距离；填料函压盖适度压紧，允许少量漏水。

(3) 工作后,垃圾集中处理;由质量验收小组对本工作的进度及检修质量按照有关要求进行检查、验收并签字确认。

4.4.2　工作准备

检修排水泵检查工作准备见表4-4。

表4-4

序号	项目名称	项目清单
1	图纸	相应的图纸
2	工具	手电筒、手锤、10″活动扳手、24 mm梅花扳手、19 mm梅花棘轮扳手
3	防护工具	安全帽
4	材料	抹布
5	人力	专责1名、辅责1名

4.4.3　工作内容及方法

(1) 检查排水泵抽水是否正常,判断排水泵是否有异常运行的情况。

(2) 检查排水泵数显水位计显示是否正常,水位应在水位计的中线附近,各启停泵接点能够可靠动作。

(3) 检查排水泵地脚螺栓是否松动。

(4) 检查密封填料,压盖压紧程度合适,无明显发热;抽水时不应有较大漏水,以正好无漏水或稍有小量漏水为宜。

(5) 检查出口逆止阀各部件。逆止阀开关灵活,无卡滞,能防止水倒灌。

(6) 通过视屏系统监视检修集水井水位情况,查看是否在正常范围内。

(7) 在运行人员配合下,现场进行排水泵启动试验(3～5 min),检查排水泵工作是否正常;应无异常噪声、无剧烈抖动现象。

(8) 工作结束后,清扫工作场地,检查无工具或其他异物遗落工作现场;确认所有设备已恢复在正常状态;与当值ON-CALL确认工作结束,并交代当前设备状况,结束工作票。

4.5　检修排水泵电机检查

检修排水泵电机检查是电气D类检修,检修周期为3个月,适用范围为＃1、＃2检修排水泵电气部分检查作业。

4.5.1 安全注意事项

1. 工作风险分析

对于人身安全而言，该工作有触电风险。

2. 工作安全措施

(1) 工作前设备状态：将＃1、＃2检修排水泵控制方式切至“切除”位置；断开＃1检修排水泵供电开关QF1，断开＃2检修排水泵供电开关QF2；工作过程中不要碰摸旋转部分和自动化元件，正确使用绝缘电阻表。

(2) 保持安全距离，佩戴绝缘保护器具。

(3) 工作后，由质量验收小组对本工作的进度及检修质量按照有关要求进行检查、验收并签字确认。

4.5.2 工作准备

检修排水泵电机检查工作准备见表4-5。

表4-5

序号	项目名称	项目清单
1	仪器	绝缘电阻表、万用表、直流电阻测试仪
2	工具	电工工具
3	防护工具	安全帽、防滑鞋子、绝缘手套
4	材料	抹布
5	人力	电气高级工人1名、初级工人1名
6	工期	约0.5天

4.5.3 工作内容及方法

(1) 检测电机绕组对外壳地绝缘电阻：使用兆欧表500 V档检测，绝缘值应大于0.5 MΩ。

(2) 用双臂电桥直流电阻测试仪分别测量电机三相绕组直流电阻，其最大值与最小值之差应不大于平均值的4%。

(3) 工作结束后，清扫工作场地，检查无工具或其他异物遗落工作现场；确认所有设备已恢复在正常状态；与当值值长确认工作结束，并交代当前设备状况，结束工作票。

第5章 •
压缩空气系统作业指导书

5.1 低压空压机检查

低压空压机检查是机械C类检修，检修周期为1年，适用范围为#1、#2低压空压机检查作业。

5.1.1 安全注意事项

1. 工作风险分析

对于人身安全和设备安全，有以下几点风险：

高温设备，有烫伤人员风险；噪声场所，影响人体健康；空间狭小，更换部件时容易损坏自动化元器件；设备进行油更换时，有污染环境的风险。

2. 工作安全措施(以#1低压空压机00QD01AC为例)

(1) 工作前设备状态：断开#1低压空压机00QD01AC供电开关QF1；在#1低压空压机00QD01AC供电开关QF1上悬挂"禁止合闸，有人工作"标示牌。

(2) 工作时，保持安全距离，小心工作；正确佩戴护耳设备；正确使用专用拆卸工具；注意不要误碰撞设备。

(3) 工作后，更换的废油须专门存放，不得随意倒入排水沟；由质量验收小组对本工作的进度及检修质量按照有关要求进行检查、验收并签字确认。

5.1.2 工作准备

低压空压机检查工作准备见表 5-1。

表 5-1

序号	项目名称	项目清单
1	图纸	空压机图纸及使用说明
2	工具	手电筒、扳手
3	防护工具	安全帽、防滑鞋子、耳塞
4	材料	抹布、工业酒精
5	人力	专责 1 名、辅责 1 名
6	工期	约 0.5 天

5.1.3 工作内容及方法

(1) 在空压机运行过程中观察、检查所有管路、接头、焊缝以及阀门是否有渗漏油、漏气现象。

(2) 停机检查润滑油油位是否在正常范围;拧开注油孔螺帽,检查油的颜色,根据油的颜色判断油质的好坏,如果油发黑,需进行更换。

(3) 如果已更换润滑油,需相应更换油水分离器及油过滤器,更换须采用专用扳手进行。

(4) 更换或清扫空压机空气预过滤器,更换空压机空气过滤器。

(5) 拆看空压机侧面面板,仔细检查皮带有无打滑现象及裂纹,如有需更换。

(6) 将空压机外表清抹干净并做好异常情况记录。

(7) 所有工作完成后,启动空压机试运转,检查空压机出口空气压力是否正常、油压力是否正常,空压机有无异常噪声,振动、温升是否正常。

(8) 工作结束后,清扫工作现场,检查确认无工具或其他异物遗落在工作现场;确认所有设备已恢复在正常状态;与当值 ON-CALL 值长确认工作结束,并交代当前设备状况,结束工作票。

5.2 高压空压机检查

高压空压机检查是机械 C 类检修,检修周期为 1 年,适用于＃1、＃2 高压空压机检查作业。

5.2.1 安全注意事项

1. 工作风险分析

对于人身安全和设备安全，有以下几点风险：

未断电对设备进行操作造成伤害；空压机卸压不彻底，机体内残压伤人；高压气体泄漏、气体喷射伤人；工作环境噪声大，易损伤耳膜；设备运行后温度较高，有烫伤风险；工作时，工具容易碰到铜管，损伤铜管；工作时，容易碰坏各种表计；可能有润滑油滴到地板上造成污染。

2. 工作安全措施（以＃1高压空压机00QG01AC为例）

(1) 工作前，预先在地板上铺上塑料布、薄木板隔离，更换的废油须专门存放，不得随意倒入排水沟；确认设备断电，各项安全隔离措施均已执行完毕；空压机必须彻底卸压，确认机体无压后方可工作。

(2) 工作前设备状态：＃1高压空压机00QG01AC的控制方式应置于“切除”位置；断开＃1高压空压机00QG01AC的供电开关QF1；关闭＃1高压空压机出口阀00QG01V。

(3) 工作时，请勿在高压气阀门、管件上进行紧固、敲击等危险操作；必要时需要戴上耳塞、耳套等防护用品；工作人员必须与高温部件保持安全距离；开展工作的时候，必须保护好易损坏部件；工作要谨慎，避免碰到各种表计。

(4) 工作后，由质量验收小组对本工作的进度及检修质量按照有关要求进行检查、验收并签字确认。

5.2.2 工作准备

高压空压机检查工作准备见表5-2。

表5-2

序号	项目名称	项目清单
1	图纸	活塞式空压机安装、运行与维护手册（中文版）
2	工具	内六角扳手1套（5～14 mm）；梅花扳手14 mm、17 mm、19 mm、24 mm各1把；开口扳手、活动扳手、螺丝刀、手电筒等
3	防护工具	安全帽、防滑鞋子、耳塞或耳套、手套
4	材料	抹布
5	人力	专责1名、辅责1名
6	工期	约0.5天

5.2.3 工作内容及方法

(1) 定检前，在空压机运行过程中观察、检查所有管路、接头、阀门、焊缝以及各级安全阀是否有渗漏油、漏气现象；检查各级压力表、各级温度表工作是否正常，听空压机是否有异响；并做好详细记录。

(2) 停机安全隔离，拧开注油孔螺塞，检查润滑油油位是否在正常范围(油位标尺两刻线之间)，检查润滑油的颜色，根据颜色判断油质的好坏，如果油液发黑，则需进行更换。

(3) 检查空压机系统各气缸、管路、安全阀、过滤器等重要部件的紧固件是否有松动现象，发现有松动的将其紧固牢靠。

(4) 检查清扫空压机的空气过滤器，若不能再使用则需要更换。

(5) 拆下空压机冷却风扇防护罩，仔细检查、清扫干净冷却铜管表面及风扇叶片上的灰尘和杂物，回装防护罩。

(6) 全面清扫干净空压机外表面上的油渍及杂物，清理工作现场，收拾好各种工(器)具及材料。

(7) 定检的所有工作完成后，启动高压空压机试运转，检查空压机各级气缸出口压力是否正常、各级温度是否正常、润滑油压力是否正常。观察高压空压机在运行过程中是否有异响、振动；压力加载和卸载是否正常，并做详细记录。

(8) 工作结束后，清扫工作现场，检查确认无工具或其他异物遗落在工作现场；确认所有设备已恢复在正常状态；与当值 ON-CALL 值长确认工作结束，并交代当前设备状况，结束工作票。

5.3 高压气罐排污阀检查

高压气管排污阀检查是机械 C 类检修，检修周期为 1 年，适用于高压气管排污阀检查作业。

5.3.1 安全注意事项

1. 工作风险分析

对于人身安全和设备安全，有以下几点风险：

高压气设备有击伤人员风险；噪声场所，影响人体健康；高压排污阀门开启困难，容易损伤；设备进行排污时，有污染环境的风险。

2. 工作安全措施

工作时，正确佩戴护耳设备；保持安全距离，小心工作；操作中需小心谨慎，开启阀门的力道要均匀；排污时，如污水中混有油污，需进行专门排放。

5.3.2　工作准备

高压气罐排污阀检查工作准备见表5-3。

表5-3

序号	项目名称	项目清单
1	图纸	高压气罐图纸及使用说明
2	工具	手电筒、扳手
3	防护工具	安全帽、防滑鞋子、耳塞
4	材料	抹布、扫把
5	人力	专责1名、辅责1名

5.3.3　工作内容及方法

(1) 先检查确认高压气罐排污阀门处于全关闭状态。

(2) 拆卸高压气罐排污阀门后堵漏管路，为防止管路中泄漏高压气伤人，螺栓拆卸过程中需小心，并做排气准备。

(3) 堵漏管路拆卸后，逐步开启排污阀门，直到有污水流出为止；阀门开启应小心进行，防止损伤阀门；正常情况下，高压污水都呈泡沫状。

(4) 当出现气体啸叫声音时，表明高压气罐污水已排放完毕，全关闭排污阀门。

(5) 清扫排污阀门后法兰，并更换新的高压密封垫。

(6) 将堵漏管路重新回装，螺丝应按规定力矩对称上紧。

(7) 所有工作完成后，清扫工作面，并将污水清理干净。

(8) 工作结束后，清扫工作场地，检查确认无工具或其他异物遗落工作现场；确认所有设备已恢复在正常状态；与当值值长确认工作结束，并交代当前设备状况，结束工作票。

第6章 • 起重系统作业指导书

6.1 尾水台车机械部分检查

尾水台车机械部分检查是机械C类检修，检修周期为1年，适用于台车式启闭机机械部分检查作业。

6.1.1 安全注意事项

1. 工作风险分析

对于人身安全和设备安全，有以下几点风险：

高处坠落；转动部件伤害；工具易滑动脱离；起重指挥信号不明；使用过、沾有油的抹布乱丢弃，污染环境。

2. 工作安全措施

(1) 工作前，正确戴好安全帽。

(2) 工作时，紧束衣裤，小心行走，注意坑洞；指挥哨音正确、清晰、果断；工具放置位置正确、无扭曲，扭矩工具严禁突然施力。

(3) 工作后，产生的垃圾集中处理；由质量验收小组对本工作的进度及检修质量按照有关要求进行检查、验收并签字确认。

6.1.2 工作准备

尾水台车机械部分检查工作准备见表6-1。

表 6-1

序号	项目名称	项目清单
1	图纸	硬件图纸
2	仪器	钢板尺、塞尺
3	工具	手电筒、手锤、活动扳手
4	防护工具	安全帽、手套
5	材料	抹布
6	人力	专责1名、辅助工人1名
7	工期	0.5天

6.1.3 工作内容及方法

1. 金属结构

主梁、小车机构件金属无裂纹;无明显腐蚀、锈蚀;无异常变形、无明显扭曲;无松动、脱落或失稳;驾驶室与主梁连接无裂纹,无松动、脱落或失稳。

2. 大车机构

(1) 各轴承无异常。

(2) 轮缘无裂纹、无明显变形、无磨损。

(3) 轮毂和轮盘无明显损伤、无裂纹、无明显变形。

(4) 车轮踏面无剥落、无明显磨损偏侧,无径向磨损严重误差值超标。

(5) 轨道混凝土基础或钢结构件牢固无异常。

(6) 钢梁无裂纹、无断裂,某段距离无明显下陷与弯曲变形。

(7) 电动机底座无裂纹、无脱落、无松动。

3. 起升机构

(1) 电动机、减速器、轴承支座等底座的螺栓无松动。

(2) 各减速箱润滑油充足。

(3) 制动器各连接螺栓、销轴无松动,机架无裂纹或开裂,制动器油量合适、无漏油,油液清洁。

(4) 制动轮与制动瓦无裂纹、无损伤、无剥落、无老化;制动瓦未严重磨损、无偏磨,制动间隙符合要求。

(5) 齿轮箱体无裂纹、无变形、无损伤。

(6) 连接件无松动、无脱落;齿轮无异常声响、发热、振动,齿轮面无大面积剥落,接触良好、润滑良好。

(7) 卷筒无变形、无松动、无磨损、无裂纹,无脱槽痕迹、无异常振动。

(8) 卷筒轴与轴承无裂纹、无变形、无严重磨损，钢丝绳固定部位无异常，转动卷筒无异常杂音和振动、无异常发热。

(9) 滑轮组的滑轮无裂纹，无明显变形、磨损、松动，无脱槽痕迹。

(10) 电动机底座无裂纹、无脱落、无松动。

(11) 液压自动抓梁油压装置运行正常，无漏油；活塞投退无卡塞。

4. 大车轨道

(1) 检查轨道压板的固定情况，压板有无松动。

(2) 检查轨头表面有无破损、裂痕。

(3) 检查钢轨接头处水平高差(小于 1 mm)、横向错位(小于 1 mm)及间隙(小于 2 mm)是否超标。

5. 场地清理

工作结束后，清扫工作场地，检查确认无工具或其他异物遗落工作现场；确认所有设备已恢复在正常状态；与当值值长确认工作结束，并交代当前设备状况，结束工作票。

6.2 尾水台车控制回路检查

尾水台车控制回路检查是电气 C 类检修，检修周期为 1 年，适用于尾水台车控制回路检查作业。

6.2.1 安全注意事项

1. 工作风险分析

对于人身安全和设备安全，有以下几点风险：

高空行走坠落；灰尘对身体的伤害；机械碰撞导致设备损坏。

2. 工作安全措施

(1) 工作前设备状态：在安装间动力配电柜断开尾水台车供电开关 04PQF04；在尾水台车供电开关 04PQF04 上悬挂“禁止操作，有人工作”标示牌。

(2) 工作时，系好安全带，戴好防尘口罩；操作前清理台车周边异物。

(3) 工作后，由质量验收小组对本工作的进度及检修质量按照有关要求进行检查、验收并签字确认。

6.2.2　工作准备

尾水台车控制回路检查工作准备见表6-2。

表6-2

序号	项目名称	项目清单
1	图纸	尾水台车二次回路图纸
2	仪器	万用表、绝缘兆欧表
3	工具	电工工具、吸尘器
4	防护工具	安全帽、防滑鞋子、口罩
5	材料	抹布、酒精
6	人力	尾水台车操作员1名、专责1名、辅助工人1名
7	工期	约3天

6.2.3　工作内容及方法

(1) 控制回路检查:电源控制屏里的各空气开关动作应灵敏可靠,按下操作室里的急停按钮后,主回路电源接触器能瞬间跳开。检查各起升机构上升、下降极限位置控制器是否可靠;各大小车行走机构限制器是否动作可靠。高度显示及荷重显示是否正常;各信号指示灯是否正常。

(2) 控制柜检查清扫:各控制柜内清扫灰尘,各端子紧固检查、一次回路接触器各触头检查及电缆头是否有发热现象。电阻器检查:检查电阻器内部是否有断路或短路,其阻值是否符合设计要求。

(3) 电缆检查:对机械损伤和老化的电缆,用1 000 V的兆欧表测试电缆的绝缘强度,对低于0.5 MΩ的电缆应及时更换。引电缆去小车机房的电缆滑车应能在导轨上移动自如,否则,应及时调整或更换。

(4) 主回路检查:检查主回路各接头连接是否可靠,有无过热现象;各接触器触头应平整无烧毛现象(大于接触面1/3应更换)。

(5) 电动机检查:测试电机的绝缘强度,对受潮的电机进行烘干处理。

(6) 上电预热检查:各控制回路上电预热1~2 h并实际操作一遍。

(7) 工作结束后,清扫工作场地,检查无确认工具或其他异物遗落工作现场;确认所有设备已恢复在正常状态;与当值值长确认工作结束,并交代当前设备状况,结束工作票。

6.3 主厂房桥机机械部分检查

主厂房桥机机械部分检查是机械C类检修，检修周期为1年，适用于主厂房桥机机械部分检查。

6.3.1 安全注意事项

1. 工作风险分析

对于人身安全和设备安全，有以下几点风险：

高处坠落；转动部件伤害；工具易滑动脱离；起重指挥信号不明；使用过、沾有油的抹布乱丢弃，污染环境。

2. 工作安全措施

(1) 工作时，正确戴好安全帽，注意坑洞；紧束衣裤，小心行走；工具放置位置正确、无扭曲，扭矩工具严禁突然施力；指挥哨音正确、清晰、果断。

(2) 工作后，产生的垃圾集中处理；由质量验收小组对本工作的进度及检修质量按照有关要求进行检查、验收并签字确认。

6.3.2 工作准备

主厂房桥机机械部分检查见表6-3。

表6-3

序号	项目名称	项目清单
1	图纸	相应的硬件图纸
2	仪器	钢板尺、塞尺
3	工具	手电筒、手锤、活动扳手
4	防护工具	安全帽、防滑鞋子、手套
5	材料	抹布
6	人力	专责1名、辅责1名
7	工期	约1天

6.3.3 工作内容及方法

1. 金属结构

(1) 主梁、小车机构件金属无裂纹；无明显腐蚀、锈蚀；无异常变形、无明显扭曲；无松动、脱落或失稳。

（2）驾驶室与主梁连接无裂纹，无松动、脱落或失稳。

2. 大车行走机构

（1）各轴承无异常；轮缘无裂纹、无明显变形、无磨损；轮毂和轮盘无明显损伤、无裂纹、无明显变形。

（2）车轮踏面无剥落、无明显磨损偏侧，无径向磨损严重误差值超标。

（3）轨道混凝土基础或钢结构件牢固无异常；钢梁无裂纹、无断裂，某段距离无明显下陷与弯曲变形。制动器的连接螺栓、销轴无松动，机架无裂纹或开裂，制动器油量合适、无漏油，油液清洁。

（4）制动轮与制动瓦无裂纹、无损伤、无剥落、无老化，制动瓦未严重磨损、无偏磨，制动间隙符合要求。

（5）电动机底座无裂纹、无脱落、无松动。

3. 小车行走机构

（1）小车行走轮缘无裂纹、无明显变形、无磨损。

（2）轮毂和轮盘无明显损伤、无裂纹、无明显变形。

（3）电动机、减速器、轴承支座等底座的螺栓无松动。

（4）各减速箱润滑油充足。

（5）制动器的连接螺栓、销轴无松动，机架无裂纹或开裂，制动器油量合适、无漏油，油液清洁；制动轮与制动瓦无裂纹、无损伤、无剥落、无老化，制动瓦未严重磨损、无偏磨，制动间隙符合要求。

（6）齿轮箱体无裂纹、无变形、无损伤；连接件无松动、无脱落；齿轮无异常声响、发热、振动，齿轮面无大面积剥落，接触良好、润滑良好。

（7）电动机底座无裂纹、无脱落、无松动。

4. 起升机构

（1）吊具：吊钩表面无裂纹，吊口无明显变形、无明显磨损，转动吊钩轴承等无异常声响。

（2）钢丝绳：检查卷筒上的钢丝绳缠绕有无串槽或重叠，仔细检查钢丝绳有无断股现象。

（3）卷筒与滑轮：检查卷筒无变形、无松动、无磨损、无裂纹，无脱槽痕迹，无松脱或无异常振动；卷筒轴与轴承无裂纹、无变形、无严重磨损，钢丝绳固定部位无异常，转动卷筒无异常杂音和振动，无异常发热；滑轮组的滑轮未裂纹，无明显变形、磨损、松动，无脱槽痕迹。

（4）齿轮传动机构：齿轮箱体无裂纹、无变形、无损伤；连接件无松动、无脱落；齿轮无异常声响、发热、振动，齿轮面无大面积剥落，接触良好，润滑良好。

(5) 制动器：检查制动器的连接螺栓、销轴应无松动，机架无裂纹或开裂，制动器液压推进器油量是否合适，有无漏油，油液是否清洁；制动轮与制动瓦应无裂纹、损伤、剥落及老化现象，制动瓦有无严重磨损、偏磨，制动间隙应符合要求。

5. 大、小车轨道

(1) 检查轨道压板的固定情况，压板有无松动。

(2) 检查轨头表面有无破损、裂痕。

(3) 检查钢轨接头处水平高差(小于 1 mm)、横向错位(小于 1 mm)及间隙(小于 2 mm)是否超标。

6. 场地清理

工作结束后，清扫工作场地，检查确认无工具或其他异物遗落工作现场；确认所有设备已恢复在正常状态；与当值值长确认工作结束，并交代当前设备状况，结束工作票。

6.4 主厂房桥机控制回路检查

主厂房桥机控制回路检查是电气 C 类检修，检修周期为 1 年，适用于主厂房桥机控制回路定检。

6.4.1 安全注意事项

1. 工作风险分析

高处坠落；转动部件伤害；工具易滑动脱离；起重指挥信号不明。

2. 工作安全措施

(1) 工作时，正确戴好安全帽，注意坑洞；紧束衣裤，小心行走；工具放置位置正确、无扭曲，扭矩工具严禁突然施力；指挥哨音正确、清晰、果断。

(2) 工作后，产生的垃圾集中处理；由质量验收小组对本工作的进度及检修质量按照有关要求进行检查、验收并签字确认。

6.4.2 工作准备

主厂房桥机控制回路检查工作准备见表 6-4。

表 6-4

序号	项目名称	项目清单
1	图纸	主厂房桥机二次回路图纸

续表

序号	项目名称	项目清单
2	仪器	万用表、绝缘兆欧表
3	工具	电工工具、吸尘器
4	防护工具	安全帽、防滑鞋子、口罩
5	材料	抹布
6	人力	桥机操作员 1 名、高级工 1 名、工人 1 名
7	工期	约 3 天

6.4.3 工作内容及方法

(1) 控制回路检查：电源控制屏里的各空气开关动作应灵敏可靠，按下操作室里的急停按钮后，主回路电源接触器能瞬间跳开。检查各起升机构上升、下降极限位置控制器是否可靠；各大小车行走机构限制器是否动作可靠。高度显示及荷重显示是否正常；各信号指示灯是否正常。

(2) 控制柜检查清扫：各控制柜内清扫灰尘，各端子紧固检查、一次回路接触器各触头检查及电缆头是否有发热现象。电阻器检查：检查电阻器内部是否有断路或短路，其阻值是否符合设计要求。

(3) 电缆检查：对机械损伤和老化的电缆，用 1 000 V 的兆欧表测试电缆的绝缘强度，对低于 0.5 MΩ 的电缆应查明原因及时处理。引电缆去小车机房的电缆滑车应能在导轨上移动自如，否则，应及时调整或更换。

(4) 主回路检查：检查主回路各接头连接是否可靠，有无过热现象；各接触器触头应平整无烧毛现象(大于接触面 1/3 应更换)。

(5) 电动机检查：测试电机的绝缘强度，对受潮的电机进行烘干处理。

(6) 上电预热检查：各控制回路上电预热 1～2 h 并实际操作一遍。

(7) 工作结束后，清扫工作场地，检查确认无工具或其他异物遗落工作现场；确认所有设备已恢复在正常状态；与当值值长确认工作结束，并交代当前设备状况，结束工作票。

6.5 GIS 室桥机机械部分检查

GIS 室桥机机械部分检查是机械 C 类检修，检修周期为 1 年，适用于 GIS 室桥机机械部分定检作业。

6.5.1 安全注意事项

1. 工作风险分析

对于人身安全和设备安全，有以下几点风险：

高处坠落；转动部件伤害；工具易滑动脱离；起重指挥信号不明；使用过、沾有油的抹布乱丢弃，污染环境。

2. 工作安全措施

(1) 工作时，正确戴好安全帽，注意坑洞；紧束衣裤，小心行走；工具放置位置正确、无扭曲，扭矩工具严禁突然施力；指挥哨音正确、清晰、果断。

(2) 工作后，产生的垃圾集中处理；由质量验收小组对本工作的进度及检修质量按照有关要求进行检查、验收并签字确认。

6.5.2 工作准备

CIS 室桥机机械部分检查工作准备见表 6-5。

表 6-5

序号	项目名称	项目清单
1	图纸	硬件图纸
2	仪器	钢板尺、塞尺
3	工具	手电筒、手锤、活动扳手
4	防护工具	安全帽、防滑鞋子、手套
5	材料	抹布
6	人力	专责 1 名、辅责 1 名
7	工期	约 1 天

6.5.3 工作内容及方法

1. 金属结构

(1) 主梁、小车机构件金属无裂纹。

(2) 无明显腐蚀、锈蚀。

(3) 无异常变形、无明显扭曲；无松动、脱落或失稳。

(4) 驾驶室与主梁连接无裂纹，无松动、脱落或失稳。

2. 大车机构

(1) 各轴承无异常；轮缘无裂纹、无明显变形、无磨损。

(2) 轮毂和轮盘无明显损伤、无裂纹、无明显变形。

(3) 车轮踏面无剥落、无明显磨损偏侧，无径向磨损严重误差值超标。

(4) 轨道混凝土基础或钢结构件牢固无异常；钢梁无裂纹、无断裂，某段距离无明显下陷与弯曲变形。

(5) 电动机底座无裂纹、无脱落、无松动。

3. 小车机构

(1) 小车行走轮缘无裂纹、无明显变形、无磨损。

(2) 轮毂和轮盘无明显损伤、无裂纹、无明显变形。

(3) 电动机、减速器、轴承支座等底座的螺栓无松动；各减速箱润滑油充足。

(4) 制动器的连接螺栓、销轴无松动，机架无裂纹或开裂，齿轮箱体无裂纹、无变形、无损伤。

(5) 连接件无松动、无脱落；电动机底座无裂纹、无脱落、无松动。

4. 电动葫芦

(1) 卷筒无变形、无松动、无磨损、无裂纹，无脱槽痕迹，无松脱或无异常振动。

(2) 卷筒轴与轴承无裂纹、无变形、无严重磨损，钢丝绳固定部位无异常，转动卷筒无异常杂音和振动，无异常发热。

(3) 滑轮组的滑轮无裂纹，无明显变形、磨损、松动，无脱槽痕迹。

(4) 吊钩无裂纹，吊口无明显变形、无明显磨损，转动吊钩轴承等无异常声响。

(5) 电动机底座无裂纹、无脱落、无松动。

5. 大车轨道

(1) 检查轨道压板的固定情况，压板有无松动。

(2) 检查轨头表面有无破损、裂痕。

(3) 检查钢轨接头处水平高差(小于 1 mm)、横向错位(小于 1 mm)及间隙(小于 2 mm)是否超标。

6. 场地清理

工作结束后，清扫工作场地，检查确认无工具或其他异物遗落工作现场；确认所有设备已恢复在正常状态；与当值值长确认工作结束，并交代当前设备状况，结束工作票。

6.6　GIS 室桥机控制回路检查

GIS 室桥机控制回路检查是电气 D 类检修，检修周期为 1 个月，适用于

GIS 室桥机控制回路定检。

6.6.1 安全注意事项

1. 工作风险分析

高处坠落;转动部件伤害;工具易滑动脱离;起重指挥信号不明。

2. 工作安全措施

(1) 工作前设备状态:在 GIS 室动力配电柜内断开 GIS 桥机供电开关 QF2;在 GIS 桥机供电开关 QF2 上悬挂“禁止操作,有人工作”标示牌。

(2) 工作时,正确戴好安全帽,注意坑洞;紧束衣裤,小心行走;工具放置位置正确、无扭曲,扭矩工具严禁突然施力;指挥哨音正确、清晰、果断。

(3) 工作后,产生的垃圾集中处理。

6.6.2 工作准备

CIS 室桥机控制回路检查工作准备见表 6-6。

表 6-6

序号	项目名称	项目清单
1	图纸	GIS 桥机二次回路图纸
2	仪器	万用表、绝缘兆欧表
3	工具	电工工具、吸尘器
4	防护工具	安全帽、防滑鞋子
5	材料	酒精、抹布
6	人力	专责 1 名、辅责 1 名
7	工期	约 1 天

6.6.3 工作内容及方法

1. 控制回路检查

(1) 电源控制屏里的空气开关动作应灵敏可靠,按下遥控器上的停止按钮后,主回路电源接触器能瞬间跳开。

(2) 检查各起升机构上升、下降极限位置控制器是否可靠;各大小车行走机构限制器是否动作可靠。

2. 控制柜检查清扫

各控制柜内清扫灰尘,各端子紧固检查、一次回路接触器各触头检查及电缆头是否有发热现象。

3. 电缆检查

对机械损伤和老化的电缆，用1 000 V的兆欧表测试电缆的绝缘强度，对低于0.5 MΩ的电缆应及时更换。电缆滑车应能在导轨上移动自如，否则，应及时调整或更换。

4. 主回路检查

检查主回路各接头连接是否可靠，有无过热现象；各接触器触头应平整无烧毛现象(大于接触面1/3应更换)。

5. 电动机检查

测试电机的绝缘强度，对受潮的电机进行烘干处理。

6. 上电预热检查

各控制回路上电预热1～2 h并实际操作一遍。

7. 场地清理

工作结束后，清扫工作场地，检查确认无工具或其他异物遗落工作现场；确认所有设备已恢复在正常状态；与当值值长确认工作结束，并交代当前设备状况，结束工作票。

6.7 生活区仓库桥式起重机机械部分检查

生活区仓库桥机机械部分路检查是机械C类检修，检修周期为1年，适用于生活区仓库桥机机械部分检查。

6.7.1 安全注意事项

1. 工作风险分析

高处坠落；转动部件伤害；工具易滑动脱离；起重指挥信号不明。

2. 工作安全措施

(1) 工作时，正确戴好安全帽，注意坑洞；紧束衣裤，小心行走；工具放置位置正确、无扭曲，扭矩工具严禁突然施力；指挥哨音正确、清晰、果断。

(2) 工作后，产生的垃圾集中处理；由质量验收小组对本工作的进度及检修质量按照有关要求进行检查、验收并签字确认。

6.7.2 工作准备

生活区仓库式起重机机械部分检查工作准备见表6-7。

表 6-7

序号	项目名称	项目清单
1	图纸	硬件图纸
2	仪器	钢板尺、塞尺
3	工具	手电筒、手锤、活动扳手
4	防护工具	安全帽、手套、安全绳
5	材料	抹布
6	人力	专责 1 名、辅责 1 名
7	工期	约 0.5 天

6.7.3 工作内容及方法

1. 金属结构

主梁、小车机构件金属无裂纹;无明显腐蚀、锈蚀;无异常变形、无明显扭曲;无松动、脱落或失稳。

2. 大车机构

(1) 查看各轴承无异常;轮缘无裂纹、无明显变形、无磨损。

(2) 轮毂和轮盘无明显损伤、无裂纹、无明显变形。

(3) 车轮踏面无剥落、无明显磨损偏侧,无径向磨损严重误差值超标。

(4) 轨道混凝土基础或钢结构件牢固无异常。

(5) 钢梁无裂纹、无断裂,某段距离无明显下陷与弯曲变形。

(6) 制动器的连接螺栓、销轴无松动;机架无裂纹或开裂;制动器油量合适、无漏油,油液清洁。

(7) 制动轮与制动瓦无裂纹、无损伤、无剥落、无老化,制动瓦未严重磨损、无偏磨,制动间隙符合要求。

(8) 电动机底座无裂纹、无脱落、无松动。

3. 电动葫芦

(1) 卷筒无变形、无松动、无磨损、无裂纹,无脱槽痕迹,无松脱或无异常振动。

(2) 卷筒轴与轴承无裂纹、无变形、无严重磨损,钢丝绳固定部位无异常、转动卷筒无异常杂音振动,无异常发热。

(3) 滑轮组的滑轮无裂纹,无明显变形、磨损、松动,无脱槽痕迹。

(4) 吊钩无裂纹,吊口无明显变形、无明显磨损,转动吊钩轴承等无异常声响。

（5）电动机底座无裂纹、无脱落、无松动。

4. 大车轨道

（1）检查轨道压板的固定情况，压板有无松动。

（2）检查轨头表面有无破损、裂痕。

（3）检查钢轨接头处水平高差（小于 1 mm）、横向错位（小于 1 mm）及间隙（小于 2 mm）是否超标。

5. 场地清理

工作结束后，清扫工作场地，检查确认无工具或其他异物遗落工作现场；确认所有设备已恢复在正常状态；与当值值长确认工作结束，并交代当前设备状况，结束工作票。

第7章 闸门系统检修作业指导书

7.1 大坝弧门检修闸门检查

大坝弧门检修闸门检查是电气C类检修，检修周期为1年，适用于＃1～＃3大坝弧门检修检查作业。

7.1.1 安全注意事项

1. 工作风险分析

对于人身安全和设备安全，有以下几点风险：

高空作业，易发生高处坠落；止水水封老化、损坏，造成漏水隐患；止水水封压板螺栓松动，止水效果差；闸门门体、螺栓等部件锈蚀；门体对接焊缝出现缺陷；橡胶垃圾污染；油漆污染。

2. 工作安全措施

(1) 工作前，办理定检工作所需的工作票；在工作现场划定区域，设置围栏、警戒线；佩挂好安全带、防坠器。

(2) 工作时，安排专业门机司机、司索人员，对闸门起、落进行统一指挥；认真检查止水水封，必要时更换，消除安全隐患；拧紧压板螺栓；除锈，涂刷防腐漆，更换锈蚀螺栓；打磨、补焊、探伤及涂漆防腐处理；喷漆前做好防护措施，剩余油漆分类存储。

(3) 定检工作结束后，将检修闸门可靠锁定在孔口，在孔口周围围好防护栏，并分类处置垃圾；由质量验收小组对本工作的进度及检修质量按照有关要求进行检查、验收并签字确认。

7.1.2　工作准备

大坝弧门检修闸门检查工作准备见表7-1。

表7-1

序号	项目名称	项目清单
1	工具	梅花扳手1套(17～36 mm)、8″～12″活动扳手各2把、电动扳手1台、ϕ100 mm砂轮机2台等
2	防护工具	安全帽、防滑鞋子
3	材料	抹布
4	人力	专责1名、辅助工人3名
5	工期	约1～2天

7.1.3　定检工艺流程

1. 质量标准

(1) 门体各处止水水封无老化、过度磨损、破损。

(2) 门体无明显变形、锈蚀。

(3) 门体对接焊缝及其他焊缝无明显缺陷。

(4) 检修门各连接件、滑块、螺栓、压板等部件应完好。

(5) 闸门轮子应能够灵活转动。

2. 具体步骤

(1) 进水口检修闸门定检应选择在天气状况良好(无风或微风,晴朗)的时候进行。

(2) 门机司机及司索人员应先检查门机,开动大车、小车、起升机构,检查门机的运行情况,以确定能否利用门机对检修闸门进行起落操作。

3. 闸门定检

(1) 进水口检修闸门的定检应该分段进行。定检时,工作人员要佩挂好防坠器,防坠器一端应挂在固定、牢固的地方,另一端牢靠地挂在工作人员身上。闸门每起升1.5～2.0 m时,将闸门停留些时间,对闸门进行检查。可以用锁定梁锁定的,就要将其锁定,工作人员不要站到门体上去。一定要到门体上检查时,必须用锁定梁将闸门锁定好,设置好平台,系好安全绳,断开门机电源,安全措施落实到位后,方可上门体检查。

(2) 全面检查止水水封有无老化、破损及磨损程度,门体有无明显变形。

（3）检查门体重要部位的焊缝情况。

（4）检查门体各部位的锈蚀情况。

（5）检查各连接件、滑块、螺栓、压板等部件。

（6）检查、调整轮子，并加注润滑油，使轮子能够灵活转动。

（7）汇总各项缺陷，对闸门进行相应处理。

（8）用清洁的高压水对闸门进行冲洗，确保闸门各部位无明显污物。

（9）定检工作结束，将闸门牢靠地锁定在孔口，恢复孔口的防护栏。

4. 场地清理

工作结束后，清扫工作场地，检查确认无工具或其他异物遗落工作现场；确认所有设备已恢复在正常状态；与当值值长确认工作结束，并交代当前设备状况，结束工作票。

7.2 进水口检修闸门检查

进水口检修闸门检查是电气C类检修，检修周期为1年，适用于进水口检修闸门检查作业。

7.2.1 安全注意事项

1. 工作风险分析

对于人身安全和设备安全，有以下几点风险：

高空作业，易发生高处坠落；止水水封老化、损坏，造成漏水隐患；止水水封压板螺栓松动，止水效果差；闸门门体、螺栓等部件锈蚀；门体对接焊缝出现缺陷；橡胶垃圾污染；油漆污染。

2. 工作安全措施

（1）工作前，办理定检工作所需的工作票；在工作现场划定区域，设置围栏、警戒线；佩挂好安全带、防坠器。

（2）工作时，安排专业门机司机、司索人员，对闸门起、落进行统一指挥；认真检查止水水封，必要时更换，消除安全隐患；拧紧压板螺栓；除锈，涂刷防腐漆，更换锈蚀螺栓；打磨、补焊、探伤及涂漆防腐处理；喷漆前做好防护措施，剩余油漆分类存储。

（3）定检工作结束后，将检修闸门可靠锁定在孔口，在孔口周围围好防护栏，并分类处置垃圾；由质量验收小组对本工作的进度及检修质量按照有关要求进行检查、验收并签字确认。

7.2.2 工作准备

进水口检修闸门检查工作准备见表7-2。

表7-2

序号	项目名称	项目清单
1	工具	梅花扳手1套(17～36 mm)、8″～12″活动扳手各2把、电动扳手1台、ϕ100 mm砂轮机2台等
2	防护工具	安全帽、防滑鞋子
3	材料	抹布
4	人力	专责1名、辅助工人3名
5	工期	约1～2天

7.2.3 定检工艺流程

1. 质量标准

(1) 门体各处止水水封无老化、过度磨损、破损。

(2) 门体无明显变形、锈蚀,门体对接焊缝及其他焊缝无明显缺陷。

(3) 检修门各连接件、滑块、螺栓、压板等部件应完好。

(4) 闸门轮子应能够灵活转动。

2. 具体步骤

(1) 进水口检修闸门定检应选择在天气状况良好(无风或微风,晴朗)的时候进行。

(2) 门机司机及司索人员应先检查门机,开动大车、小车、起升机构,检查门机的运行情况,以确定能否利用门机对检修闸门进行起落操作。

3. 闸门定检

(1) 进水口检修闸门的定检应该分段进行。定检时,工作人员要佩挂好防坠器,防坠器一端应挂在固定、牢固的地方,另一端牢靠地挂在工作人员身上。闸门每起升1.5～2.0 m时,将闸门停留些时间,对闸门进行检查。可以用锁定梁锁定的,就要将其锁定,工作人员不要站到门体上去。一定要到门体上检查时,必须用锁定梁将闸门锁定好,设置好平台,系好安全绳,断开门机电源,安全措施落实到位后,方可上门体检查。

(2) 全面检查止水橡皮有无老化、破损及磨损程度,门体有无明显变形。

(3) 检查门体重要部位的焊缝情况。

(4) 检查门体各部位的锈蚀情况。

(5) 检查各连接件、滑块、螺栓、压板等部件。

(6) 检查、调整轮子,并加注润滑油,使轮子能够灵活转动。

(7) 汇总各项缺陷,对闸门进行相应处理。

(8) 用清洁的高压水对闸门进行冲洗,确保闸门各部位无明显污物。

(9) 定检工作结束,将闸门牢靠地锁定在孔口,恢复孔口的防护栏。

4. 场地清理

工作结束后,清扫工作场地,检查确认无工具或其他异物遗落工作现场;确认所有设备已恢复在正常状态;与当值值长确认工作结束,并交代当前设备状况,结束工作票。

7.3 尾水检修闸门检查

尾水检修闸门检查是机械C类检修,检修周期为1年,适用于♯1～♯3机组的尾水检修闸门检查作业。

7.3.1 安全注意事项

1. 工作风险分析

对于人身安全和设备安全,有以下几点风险:

高空作业,易发生高处坠落;止水水封老化、损坏,造成漏水隐患;止水水封压板螺栓松动,止水效果差;闸门门体、螺栓等部件锈蚀;门体对接焊缝出现缺陷;橡胶垃圾污染;油漆污染。

2. 工作安全措施

(1) 工作前,办理定检工作所需的工作票;在工作现场划定区域,设置围栏、警戒线;佩挂好安全带、防坠器;检修闸门所在机组处于停机状态。

(2) 工作时,安排专业尾水台车司机、司索人员,对闸门起、落进行统一指挥;认真检查止水水封,必要时更换,消除安全隐患;拧紧压板螺栓;除锈,涂刷防腐漆,更换锈蚀螺栓;打磨、补焊、探伤及涂漆防腐处理;喷漆前做好防护措施,剩余油漆分类存储。

(3) 定检工作结束后,将检修闸门可靠锁定在孔口,在孔口周围围好防护栏,并分类处置垃圾;由质量验收小组对本工作的进度及检修质量按照有关要求进行检查、验收并签字确认。

7.3.2 工作准备

尾水检修闸门检查工作准备见表7-3。

表7-3

序号	项目名称	项目清单
1	工具	梅花扳手1套(17～36 mm)、8″～12″活动扳手各2把、电动扳手1台、ϕ100 mm砂轮机2台等
2	防护工具	安全帽、防滑鞋子
3	材料	抹布
4	人力	专责1名、辅助工人3名
5	工期	约1～2天

7.3.3 定检工艺流程

1. 质量标准

(1) 门体各处止水水封无老化、过度磨损、破损;门体无明显变形、锈蚀。

(2) 门体对接焊缝及其他焊缝无明显缺陷。

(3) 检修门各连接件、滑块、螺栓、压板等部件应完好。

2. 具体步骤

(1) 确定尾水检修闸门所在的机组已处于停机状态。

(2) 尾水台车司机及司索人员应先检查尾水台车,开动大车、小车、起升机构,检查尾水台车的运行情况,以确定能否利用尾水台车对检修闸门进行起落操作。

3. 闸门定检

(1) 尾水检修闸门的定检应该分段进行。定检时,工作人员要佩挂好防坠器,防坠器一端应挂在固定、牢固的地方,另一端牢靠地挂在工作人员身上。闸门每起升1.5～2.0 m时,将闸门停留些时间,对闸门进行检查。工作人员不要站到门体上去。一定要到门体上检查时,必须用锁定梁将闸门锁定好,设置好平台,系好安全绳,断开门机电源,安全措施落实到位后,方可上门体检查。

(2) 全面检查止水水封有无老化、破损及磨损程度,门体有无明显变形。

(3) 检查门体重要部位的焊缝情况。

(4) 检查门体各部位的锈蚀情况。

(5) 检查各连接件、滑块、螺栓、压板等部件。

(6) 汇总各项缺陷，对闸门进行相应处理。

(7) 用清洁的高压水对闸门进行冲洗，确保闸门各部位无明显污物。

(8) 定检工作结束，用锁定梁将闸门牢靠地锁定在孔口。

4. 场地清理

工作结束后，清扫工作场地，检查确认无工具或其他异物遗落工作现场；确认所有设备已恢复在正常状态；与当值值长确认工作结束，并交代当前设备状况，结束工作票。

第8章 • 大坝液压启闭机系统作业指导书

8.1 液压启闭机液压站检查

液压启闭机液压站检查是机械C类检修，检修周期为1年，适用于本电厂＃1～＃3机组液压启闭机液压设备的检查。

8.1.1 安全注意事项

1. 工作风险分析

对于人身安全和设备安全，有以下几点风险：

工作场地油污多，地面滑，易摔倒；高压油、高压气设备易伤人；噪声场所，影响人体健康；运行中设备，容易造成机械保护动作。

2. 工作安全措施（以＃1机组为例）

（1）工作前设备状态：＃1液压启闭机在“全关”态；将＃1液压启闭机控制方式切换至“手动”位置。

（2）工作时，正确穿戴防滑鞋；正确佩戴护耳设备；防止误碰运行设备；禁止触碰到运行中自动化元器件。

（3）工作后，由质量验收小组对本工作的进度及检修质量按照有关要求进行检查、验收并签字确认。

8.1.2 工作准备

液压启闭机液压站检查工作准备见表8-1。

表 8-1

序号	项目名称	项目清单
1	图纸	液压站结构图
2	工具	各式内六角扳手、加力套筒、梅花扳手、活动扳手
3	防护工具	安全帽、防滑鞋子
4	材料	抹布
5	人力	专责 1 名、辅责 2 名
6	工期	约 0.5 天

8.1.3 工作内容及方法

(1) 认真查看液压启闭机液压站回油箱油位、油温是否在正常运行范围内;检查系统压力并对比各表计压力值是否一致。

(2) 仔细检查液压启闭机液压站回油箱所有外露油管路及接头有无渗油现象,有无金属裂纹等缺陷。

(3) 检查压力油泵运行情况是否正常,固定螺栓是否松动。

(4) 分别手动启动两台压力油泵,检查油泵声音是否正常,泵站出口油压是否正常。

(5) 检查单向节流阀及溢流阀运行情况是否正常,接头连接是否良好,有无漏油、渗油情况。

(6) 检查电机外壳接地情况,运行中有无异音、异味和剧烈振动。

(7) 检查压力继电器、PQT 接头装置固定是否良好,液压管道、接头漏油、渗油情况,控制油压是否正常。

(8) 检查高压球阀工作是否正常,有无异常声音,位置指示是否正确。

(9) 检查开度传感器有无异常情况,指示是否正确。

(10) 检查弧形门水封情况是否良好,有无渗漏水情况。

(11) 记录停机状态下各油泵启停间隔时间。

(12) 工作结束后,清扫工作场地,检查确认无工具或其他异物遗落工作现场;确认所有设备已恢复在正常状态;与当值值长确认工作结束,并交代当前设备状况,结束工作票。

8.2 液压启闭机控制柜检查

液压启闭机控制柜检查是自动化 C 类检修,检修周期为 1 年,适用于本电厂＃1～＃3机组液压启闭机的控制柜检查。

8.2.1 安全注意事项

1. 工作风险分析

人身安全角度，有以下几方面风险：

带电作业，误碰带电部位；误入间隔；误甩线、接线等。

从设备安全角度来看，容易产生垃圾，污染环境。

2. 工作安全措施

(1) 工作前，办理定检工作所需的工作票；在工作现场划定区域，设置围栏、警戒线。

(2) 工作中要认真核对设备名称，做好相互监护和提醒；与带电设备保持安全距离。实行二人检查制，一人甩线一人监护，并逐项记录，恢复接线时要根据记录认真核对。

(3) 工作完毕，清理现场，按要求正确回收垃圾，正确处置；由质量验收小组对本工作的进度及检修质量按照有关要求进行检查、验收并签字确认。

8.2.2 工作准备

液压启闭机控制柜检查工作准备见表8-2。

表8-2

序号	项目名称	项目清单
1	图纸	液压启闭机控制柜电气原理图纸
2	仪器	FLUKE万用表、继保仪
3	工具	自动化人员配备的工具、吸尘器
4	防护工具	安全帽、防滑鞋子
5	材料	抹布、酒精
6	人力	专责1名、辅责1名
7	工期	约0.5天

8.2.3 工作内容及方法

(1) 设备清洁：先用吸尘器和抹布把柜内灰尘清除干净，再用酒精将所有设备擦拭一遍，并紧固所有端子。

（2）检查电源模块：测量输出值，确保其稳定且无跳跃。

（3）检查盘柜控制面板：观察面板是否有报警及指示灯是否有异常闪烁，如有异常现象须查找原因并解决。

（4）PLC模块检查：检查PLC开入开出量指示灯是否正常，通过面板上的按钮（指示灯）进行。

（5）继电器校验：用继保仪校验柜内所有继电器，主要看动作值和返回值是否符合要求。

（6）检查UPS装置有无异常，检查UPS电源输出是否正常。

（7）工作结束后，清扫工作场地，检查确认无工具或其他异物遗落工作现场；确认所有设备已恢复在正常状态；与当值值长确认工作结束，并交代当前设备状况，结束工作票。

第 9 章

发电机系统作业指导书

9.1 发电机设备拆卸检修作业

发电机设备拆卸检修作业是电气 A 类检修，检修周期为 7～8 年，适用于本电厂＃1～＃3 机组发电机上下机架、上下导轴承、推力轴承、定子、转子检修。

9.1.1 安全注意事项

1. 工作风险分析

对于人身安全和设备安全，有以下几点风险：

起重伤害；设备损坏；人身伤害；使用过、沾有油的抹布乱丢弃，污染环境。

2. 工作安全措施

（1）工作前，熟知图纸，熟知设备结构；高空作业时应佩戴安全带；作业区场地湿滑，应穿防滑鞋，小心行走；工作前开班前会，主要交代工作安排及安全注意事项。

（2）工作时，严格按照起重规范要求执行，起吊重物下严禁人员进入；严禁粗暴、野蛮施工。设备过重时应多人合作，动作统一协调，避免碰撞、磕撞使设备损坏；电气设备由相关专业人员拆除，其他人员不得参与；灯光黑暗区，应配置 24 V 安全行灯；不要碰摸自动化元件，保持一定距离；出入风洞进行物品登记，严禁私带个人物品；听从工作负责人安排，严禁私自扩大工作范围。

(3) 工作后，拆卸设备放置指定区域，做好保护、防腐等工作；垃圾集中处理；由质量验收小组对本工作的进度及检修质量按照有关要求进行检查、验收并签字确认。

9.1.2 工作准备

发电机设备拆卸检修作业工作准备见表 9-1。

表 9-1

序号	项目名称	项目清单
1	图纸	硬件图纸
2	工具	手电筒、扳手、起重用具
3	防护工具	安全帽、防滑鞋子
4	材料	抹布
5	人力	专责 1 名、辅责 4 名、起重司索工 1 名、桥机司机 1 名
6	工期	约 10 天

9.1.3 工作内容及步骤方法

1. 上机架、上导轴承检修

(1) 上导轴承油槽盖板检修。拆卸更换上导油槽盖板聚氨酯密封条。

(2) 上导瓦检修。

①检查上导瓦瓦面是否有发热烧灼现象、是否有明显机械刮痕。

②瓦面雕花，使润滑油更加充分进入导瓦间隙。

③检查导瓦瓦背的铬钢垫板与瓦之间的绝缘板有无损坏，必要时进行更换。

2. 下机架、下导轴承检修

(1) 下导轴承油槽盖板检修。清扫油槽，要求油槽内无铁屑、油泥，拆卸更换上下导油槽盖板聚氨酯密封条。

(2) 下导瓦检修。

①检查下导瓦瓦面是否有发热烧灼现象、是否有明显机械刮痕。

②瓦面雕花，使润滑油更加充分进入导瓦间隙建立油膜。

③检查导瓦瓦背的铬钢垫板与瓦之间的绝缘板有无损坏，必要时进行更换。

(3) 下导冷却器检修。

①将下导下油盆拆下。

②拆卸冷却器，检查冷却器外观无损坏，清理冷却器铜管内淤泥。更换冷却器连接密封胶垫。

③冲洗冷却器进水、排水环管内淤泥，更换环管法兰密封胶垫。

④冷却器整体做水耐压试验，试验压力为0.40 MPa，保持压力60 min无漏水、渗水现象。

(4) 下导轴承底油盆密封更换。

①松开下油盆内挡油圈螺栓，用千斤顶或者手拉葫芦将内挡油圈拉起悬挂。

②松开底油盆盘底合缝螺栓，更换合缝密封胶。

③更换内挡油圈密封盘根，落下内挡油圈紧固其安装螺栓。

3. 推力轴承检修

(1) 推力头宏观检查。宏观检查推力头镜面有无明显刮痕、凸点、锈蚀等现象。

(2) 推力轴承油冷却器检修。检查推力轴承冷却器铜管外观有无撞击凹点、明显金属刮痕、破损现象。推力冷却器进行水耐压试验，试验压力为0.40 MPa，保持压力60 min无漏水、渗水现象。

(3) 推力瓦弹性复合层与金属瓦基、弹性金属丝层与塑料层之间的结构应牢固，周边不应有开裂、分层、脱壳现象，断面切割应光滑、平整，不应有翻边现象。

(4) 外观检查塑料瓦面应无金属丝裸露、分层、裂纹，无严重划痕，磨损印痕标记清晰，并记录瓦面的磨损部位、范围及深度等情况。

4. 定子检修

(1) 定子圆度测量。

①在定子上方 X 方向上架设中心架，在中心上放置求心器及钢琴线。钢琴线一端连接在求心器卷筒上，另一端悬挂6～12 kg重锤，重锤泡在浓度较大的油桶内。

②用一根绝缘良好导线一端连接求心器卷筒上，一端与3V电池盒负极连接。用另一根绝缘良好导线连接3V电池盒正极，另外一端串联耳塞子及内径千分尺，通过内径千分尺与钢琴线接触形成电气回路，根据耳塞声音判断内径千分尺是否与钢琴线接触。

③在定子同一高度 $\pm X$、$\pm Y$ 方向选4个测量点，分别记作 $A1$，$A2$，$B1$，$B2$，用卷尺测量钢琴线到4个测量点距离，算出4个点的中心位置即定子的中心位置，初步调整钢琴线往中心位置移动。

④用内径千分尺测量，记录 4 个测点到钢琴线的距离，算出定子的中心位置，调整求心器调节螺杆拉动求心器中心滑块使钢琴线移动至定子中心位置。要求钢琴线中心测点 O 在半径误差不超过 0.05 mm，即 $OA1 \sim OA2 \leqslant \pm 0.05$ mm，$OB1 \sim OB2 \leqslant \pm 0.05$ mm。

⑤在定子上部、中部、下部分别均匀取 12 个测量点，对所测量数据分析定子圆度、垂直度是否超标。

(2) 拆卸定子空气冷却器，外观检查空气冷却器冷却散热片是否无损坏、碰撞变形等现象。空气冷却器做水耐压试验，试验压力为 0.40 MPa，保持压力 60 分钟无漏水、渗水现象。

(3) 定子线棒、铁芯装配外观检查。检查定子线棒外观绝缘有无破损、刮碰等。确认定子铁芯上、下齿压板焊缝无断裂、变形，定子铁芯无高温烧灼发黑等。

(4) 清洗定子线棒表面。

①吊出定子空气冷却器，用电机清洗剂从左到右，从上而下顺定子通风槽喷射清洗，再用 0.6 MPa 低压气从左到右、从上而下顺定子通风槽吹，使定子通风槽内灰尘、污渍往定子铁芯背部流出。

②从空气冷却器安装孔钻入定子铁芯背部，擦洗顺通风槽流出的污垢。

③定子线棒表面喷绝缘漆。

5. 发电机大轴检修

(1) 大轴法兰 R 角进行探伤。探伤结果要求无金属裂纹。

(2) 水发联轴螺栓探伤，探伤结果要求无金属裂纹。探伤结束后联轴螺栓涂抹透平油进行防腐。

(3) 大轴下导轴领处防腐处理。大轴轴领涂抹黄油，用塑料布缠绕包裹。除法兰面，其他地方刷漆防腐。

6. 转子检修

(1) 调整转子水平度。用框式水平仪测量转子上法兰面水平，测点分别为 $\pm X$、$\pm Y$ 4 个点。根据测量结果用 50 t 千斤顶将低侧顶起进行调整，要求水平度不超过 0.02/m。

(2) 转子下法兰面清洗防腐。机组检修周期长，转子精密金属表面易生锈，用酒精、白布将转子下法兰面清洗后用黄油或透平油涂抹，用塑料薄膜粘贴覆盖。

(3) 转子磁极圆度测量。

①架设求心器、钢琴线等测量工具。钢琴线放置距离磁极表面约

150 mm。

②测量出发电机主轴至钢琴线距离 $R1$，测量磁极表面至钢琴线距离 L。

③在每个磁极上部、中部、下部分别均匀取 3 个测量点，对所测量数据分析磁极圆度、垂直度是否超标。

(4) 转子外观检查。检查确认转子磁轭拉紧螺母、磁轭键、磁极键、磁极顶丝等各零部件焊缝无开焊、脱焊。检查确认磁极表面绝缘无破损、刮痕、无烧灼发黑。检查确认转子制动环、磁极阻尼环等无松动。

(5) 检查磁轭无下沉。安装时磁轭铁芯压紧度不够或者磁轭键打紧量不够，导致运行中可能使磁轭下沉、磁轭与副立筋发生径向和切向移动等现象。检查方法：以转子下法兰面为基准，测量下法兰面到转子制动环的高程差，对照图纸查看设计值是否有偏差。

(6) 转子清洗喷漆。

①用清洗剂对准磁轭通风槽喷射清洗，用抹布伸入通风槽内擦洗。

②用抹布蘸清洗剂擦洗磁轭内、外部表面。

③转子金属表面喷漆，磁极表面喷绝缘漆。

7. 发电机附属设备检修

(1) 风闸密封圈更换。

①拆卸风闸闸板限位块，取出风闸闸板。

②装入 M12 吊耳，将风闸活塞吊起拉开，更换活塞密封圈。拆除活塞缸与活塞缸底座螺栓，更换活塞缸与底座间密封圈。

(2) 机械制动盘柜内检修。清洗机械制动盘柜内低压水气分离装置，检查各管路接头无漏气。

(3) 风闸密封性试验。高压顶起转子 1～3 mm，保持压力 30 min，机械制动系统各接头、管路无渗油现象。

8. 注意事项

(1) 起吊重物所选用钢丝绳、吊带、卸扣、吊耳应正确。

(2) 起重指挥信号应清晰、明了。起吊前应检查吊点是否连接可靠，严禁无关人员逗留在起吊重物下方。

(3) 起重机司机除服从指挥司索人员外，对任何人发出的紧急停车信号都必须服从。

(4) 进出风洞应进行工器具登记。

(5) 工作结束后，清扫工作场地，检查确认无工具或其他异物遗落工作现场；确认所有设备已恢复在正常状态。

9.2 转子吊出机坑作业

转子吊出机坑作业是电气A类检修，检修周期为7～8年，适用于本电厂#1～#3机组发电机转子吊出作业。

9.2.1 安全注意事项

1. 工作风险分析

起重物掉落造成伤害；电气设备被野蛮施工破坏；光线不好容易踩空；场地湿滑易摔倒；乱丢沾有油的抹布造成环境污染。

2. 工作安全措施

(1) 工作前，熟知图纸，熟知设备结构；高空作业时应佩戴安全带；作业区场地湿滑，应穿防滑鞋，小心行走。

(2) 工作时，严格按照起重规范要求执行；起吊重物下严禁人员进入；严禁粗暴、野蛮施工。设备过重时应多人合作，动作统一协调，避免碰撞、磕撞使设备损坏；电气设备由相关专业人员拆除，其他人员不得参与；灯光黑暗区，应配置24 V安全行灯。

(3) 工作后，拆卸设备放置指定区域，做好保护、防腐等工作；产生的垃圾集中处理；由质量验收小组对本工作的进度及检修质量按照有关要求进行检查、验收并签字确认。

9.2.2 工作准备

转子吊出机坑作业工作准备见表9-2。

表9-2

序号	项目名称	项目清单
1	图纸	硬件图纸
2	仪器	水平尺
3	工具	手电筒、扳手、起重用具
4	防护工具	手套、安全帽、防滑鞋子
5	材料	抹布、#0砂纸、透平油、酒精
6	人力	专责1名、辅助工人10名、起重司索工1名、桥机司机1名
7	工期	约1.5天

9.2.3　工作内容及步骤、方法

1. 转子吊出机坑前的准备

(1) 转子有关机械参数。转子起吊重量为71.5 t(包含吊具重量)。转子直径为3 862 mm,转子带轴长度为5 385 mm,转子空气间隙为12 mm。

(2) 转子支墩调整。转子吊出机坑后需落在专用的检修支墩上进行检修,支墩调整方法如下:

①吊出安装间检修支墩孔盖板,清理预埋支墩基础板,对预埋板上的螺栓进行试扭,确保螺丝无卡涩。

②在支墩基础板法兰面均匀分布4～6块厚度约为0.50 mm厚的铜片,以保护法兰面不被碰伤。

③在转子磁轭下压板处布置若干个顶筒,待转子吊至检修支墩上后,再利用顶筒做辅助支撑。

(3) 水发连接轴螺栓拆卸。水发连轴接螺栓拆卸需用专用扳手和加热器进行拆卸松动,拆卸方法如下:

①在水车室水导轴承上方搭设临时工作平台,平台上表面距离水发连轴下法兰面约1 500 mm。

②用内六角扳手拆除发电机轴法兰保护罩紧固螺栓及保护罩。拆除发电机轴法兰保护罩的分瓣面把合螺栓及销钉,将保护罩分成两瓣并放置在下风洞盖板上。拆除水轮机轴法兰保护罩紧固螺栓,利用手拉葫芦或者千斤顶将保护罩整体卸在临时平台上,在平台上将保护罩分解成两瓣移出水车室。

③对水发连轴螺母点焊焊缝进行打磨,利用加热器对螺栓进行加热拆卸或者利用液压扳手进行拆卸,先对称将14颗螺栓拆除,并做好记号,再对称将连轴工具安装好,拆除余下4颗螺栓。

④待连轴螺栓拆除完成后,利用连轴工具上的千斤顶缓慢将水轮机轴与发电机轴分开,直至水轮机转轮落到基础环上。

(4) 桥机机械、电气设备检查。

①检查桥机小车行走、制动系统各结构是否运行正常。

②检查桥机小车起升机构是否运行正常,钢丝绳是否有破损、变细现象。

③检查桥机大车行走、制动各机构运行是否正常。

④检查桥机电气回路是否有报警、发烫等异常现象,变频器是否正常工作。

⑤快速上升、下降转子吊具,检查小车在上升、下降过程中制动是否出现

溜车现象。

(5) 转子吊具与转子连接。转子吊具准确、自然、垂直落在主轴上部推力头工作位置，放置到位后再利用吊具卡环将吊具固定。

2. 转子起吊离开机坑

(1) 反复升降转子做刹车制动试验。

①在定子上方周向均布 8 个人，每人拿长约 1 500 mm、宽约 40 mm、厚约 5 mm 的导向木板插入转子与定子间隙中且不停地上下抽动。

②微微起吊转子离开约 1～5 mm，停止保持约 10 min，检查桥机制动系统及控制系统等应无异常、无溜车下滑现象。

③继续起升转子高度约 100 mm，停止保持 10 min，检查桥机制动系统及控制系统等应无异常、无溜车下滑现象。

④下降转子约 100 mm，停止保持 10 min，检查桥机制动系统及控制系统等应无异常、无溜车下滑现象。反复做 3 次升降转子试验，确认桥机制动、起升运行正常。

(2) 转子起吊离开机坑。

①缓慢上升转子，上升过程中如导向木板有卡塞无法抽动时，必须大声呼喊提醒起重司索工，起重司索工应立即指挥停止转子上升并及时调整转子中心轴线位置。

②转子缓慢上升，上升过程中不可随意切换档位，应保持低速档缓慢上升。

③转子起吊至安装间指导位置，准确、自然、垂直缓慢降落，待主轴下端法兰与支墩预埋法兰面距离 50 mm 左右停止下降，并穿好主轴法兰和支墩连接螺栓，再缓慢下降转子，直至主轴下端法兰与支墩预埋法兰面接触，带紧螺母并支起预先放置好的转子磁轭下压板支墩，旋起顶起螺丝并用扳手带紧。支墩顶起螺丝预紧力应以人工扳不动为准。

④缓慢下降转子，桥机控制显示屏上显示重量为零，观察转子放置是否平稳。

(3) 松开转子吊具。转子落在检修支墩上检查无异常，将转子吊具紧固螺栓松开，起升转子吊具放置安装间指定位置。

3. 注意事项

(1) 起吊重物所选用钢丝绳、吊带、卸扣、吊耳应正确。

(2) 起重指挥信号应清晰、明了。起吊前应检查吊点是否连接可靠，严禁无关人员逗留在起吊重物下方。

(3) 起重机司机除服从指挥司索人员外，对任何人发出的紧急停车信号，都必须服从。

(4) 拆卸设备前应做好记号，拆卸螺栓归类收集。

4. 场地清理

工作结束后，清扫工作场地，检查确认无工具或其他异物遗落工作现场；确认所有设备已恢复在正常状态。

9.3　转子吊入机坑作业

转子吊入机坑作业是电汽A类检修，检修周期为7～8年，适用于本电厂#1～#3机组发电机转子吊入机坑作业。

9.3.1　安全注意事项

1. 工作风险分析

起重重物掉落导致人员受伤和设备受损；光线不好易导致踩空；场地湿滑易摔倒。

2. 工作安全措施

(1) 工作前，熟知图纸，熟知设备结构；高空作业时应佩戴安全带；作业区场地湿滑，应穿防滑鞋，小心行走。

(2) 工作时，严格按照起重规范要求执行；起吊重物下严禁人员进入；严禁粗暴、野蛮施工。设备过重时应多人合作，动作统一协调，避免碰撞、磕撞使设备损坏；电气设备由相关专业人员拆除，其他人员不得参与；灯光黑暗区，应配置24 V安全行灯。

(3) 工作后，拆卸设备放置指定区域，做好保护、防腐等工作；产生的垃圾集中处理；由质量验收小组对本工作的进度及检修质量按照有关要求进行检查、验收并签字确认。

9.3.2　工作准备

转子吊入机坑作业工作准备见表9-3。

表9-3

序号	项目名称	项目清单
1	图纸	硬件图纸

续表

序号	项目名称	项目清单
2	仪器	水平仪
3	工具	手电筒、扳手、起重用具
4	防护工具	安全帽、防滑鞋子
5	材料	抹布、#0 砂纸、透平油、酒精
6	人力	专责 1 名、辅助工人 10 名、起重司索工 1 名、桥机司机 1 名
7	工期	约 1.5 天

9.3.3 工作内容及步骤、方法

1. 转子吊入机坑前的准备

(1) 转子有关机械参数。转子起吊重量为 71.5 t(包含吊具重量)。转子直径为 3 862 mm,转子带轴长度为 5 385 mm,转子空气间隙为 12 mm。

(2) 调整发电机风闸高程。转子吊入机坑前需考虑发电机转子吊入后,应使推力头套装后与推力瓦面保持 4～8 mm 间隙。因此转子吊入机坑后不可直接放置在水轮机大轴上进行脱钩,需落在风闸上方才可脱钩。风闸调整高程过低,会导致转子没有落在风闸前就直接与水轮机大轴相撞。为了保证转子落在风闸上,发电机大轴与水轮机大轴距离不接触,距离至少有 15 mm 以上,风闸调整方法如下:

①参照风闸安装时高程,转子在运行时,制动环与风闸的间隙为 10 mm,将任意一个风闸抬高 15 mm 左右,其余 3 个以此为参照调整,调整后的 4 个风闸高程误差不超过 0.50 mm。

②风闸闸板高程调整无误,将风闸锁紧螺母旋紧与闸板紧贴。

(3) 桥机机械、电气设备检查。

①检查桥机小车行走、制动系统各结构是否运行正常。

②检查桥机小车起升机构是否运行正常,钢丝绳是否有破损、变细现象。

③检查桥机大车行走、制动各机构运行是否正常。

④检查桥机电气回路是否有报警、发烫等异常现象,变频器是否正常工作。

⑤快速上升、下降转子吊具,检查小车在上升、下降过程中制动是否出现溜车现象。

(4) 发电机大轴法兰面清理。

①转子吊装时,彻底清理转子下部,并在磁轭下部测量转子挠度。

②转子吊入前应进行3次升降试验，确保符合转子吊入要求。

③转子吊起后移至机组段机坑上方，下降至距定子200 mm左右时，调整方位，校正中心和水平，应使发电机轴或转子中心体与水轮机轴中心偏差小于0.5 mm，然后缓慢落入定子，这时四周木板条应保持能上下串动。

④转子落至距水轮机轴法兰100 mm时，桥式起重机主起升制动，用木板条包上绢布将水发连轴法兰面清扫（注意头、手等身体部位不能伸入缝隙），同时用钢板尺对称测量四个方向垂直距离及法兰错位，对转子中心水平及方位再进行一次调正。

⑤当转子制动环距制动器顶面10 mm左右时，进行大轴法兰或转子中心体与水轮机轴法兰对孔，将转子落在制动器上，检查转子的中心及水平。

⑥转子落下后，对组合面四周间隙及错位进行一次测量，确认无误后，拆除吊具。

2. 注意事项

(1) 起吊重物所选用钢丝绳、吊带、卸扣、吊耳应正确。

(2) 起重指挥信号应清晰、明了。起吊前应检查吊点是否连接可靠，严禁无关人员逗留在起吊重物下方。

(3) 起重机司机除服从指挥司索人员外，对任何人发出的紧急停车信号，都必须服从。

(4) 拆卸设备前应做好记号，拆卸螺栓归类收集。

3. 场地清理

工作结束后，清扫工作场地，检查确认无工具或其他异物遗落工作现场；确认所有设备已恢复在正常状态。

9.4 转子上方设备拆卸检修作业

转子上方设备拆卸检修作业是电气A类检修，检修周期为7～8年，适用于本电厂＃1～＃3机组发电机转子上方、上机架、上导轴承部分拆卸检修作业。

9.4.1 安全注意事项

1. 工作风险分析

起重重物掉落导致人员受伤和设备受损；光线不好易导致踩空；场地湿滑易摔倒。

2. 工作安全措施

(1) 工作前,熟知图纸,熟知设备结构;高空作业时应佩戴安全带;作业区场地湿滑,应穿防滑鞋,小心行走。

(2) 工作时,严格按照起重规范要求执行;起吊重物下严禁人员进入;严禁粗暴、野蛮施工。设备过重时应多人合作,动作统一协调,避免碰撞、磕撞使设备损坏;电气设备由相关专业人员拆除,其他人员不得参与;灯光黑暗区,应配置 24 V 安全行灯。

(3) 工作后,拆卸设备放置指定区域,做好保护、防腐等工作;产生的垃圾集中处理;由质量验收小组对本工作的进度及检修质量按照有关要求进行检查、验收并签字确认。

9.4.2 工作准备

转子上方设备拆卸检修作业工作准备见表 9-4。

表 9-4

序号	项目名称	项目清单
1	图纸	硬件图纸
2	工具	手电筒、扳手、起重用具
3	防护工具	安全帽、防滑鞋子、手套
4	材料	抹布
5	人力	专责 1 名、辅助工人 4 名、起重司索工 1 名、桥机司机 1 名
6	工期	约 4 天

9.4.3 工作内容及方法

1. 拆卸上机架盖板上部分

(1) 拆除机组过速保护装置,拆卸发电机顶罩安装螺栓。吊起顶罩离开发电机机罩。

(2) 拆除励磁电缆和转子引线电缆,拆除集电环与发电机主轴连接螺栓,吊出集电环。

(3) 拆卸发电机机罩固定螺栓并吊开。

2. 上导轴承拆卸

(1) 排空上导轴承透平油。

(2) 拆卸上导轴承油槽盖盖板,调整上导轴瓦间隙及抗重螺丝孔盖板。

（3）拆卸并甩开上导瓦测温探头及电源线。

（4）拆卸上导瓦。

（5）拆除并吊出上导轴承座。

（6）拆除推力轴承油槽内稳油板，拆除推力油槽油冷却器。

（7）拆除推力头。先利用高压顶起装置将转子顶起，以推力头镜面与推力瓦间隙为3～5 mm为宜，将风闸锁定并撤去油压。拆除推力头与主轴固定卡环，安装好推力头拆装专用工具，对推力头进行加热，利用专用工具上的螺栓将推力头与主轴分离。

3. 上机架拆卸吊开

（1）拆卸甩开上机架内部所有的电缆，将所有的电缆拉出上机架。

（2）拆除上机架上盖板。

（3）上盖板固定支架螺栓。

（4）拆卸上机架四个支腿与定子连接螺栓及销钉。

（5）拆卸上机架下气密封圈。

（6）拆卸上机架内部消防环管，与基坑外连接，为起吊上机架离开基坑做准备。

（7）拆卸上导轴承冷却器进、出排水管，进油、排油管，与基坑外部连接，为起吊上机架离开基坑做准备。

（8）上机架起吊。

①用兜挂法将起吊钢丝绳兜挂在上机架四条支腿上，由于上机架重量较重，为防止支腿棱角边缘将钢丝绳剪切，需用半圆管或其他物品将支腿棱角边缘包裹。

②调整吊钩位置处于上机架的中心位置。调整钢丝绳两端长度，保证上机架重心在钢丝绳的中心位置，起吊时上机架才能处于稳定平衡状态。

③检查确认上机架与定子、基坑外附属设备连接部件已经拆除。

④用微动信号指挥，待上机架上升50～100 mm左右时停止起升，检查上机架是否水平，确认上机架与其他设备无勾、卡、拌、搅等情况。

⑤继续缓慢上升起吊上机架，观察确保上机架与主轴无刮碰现象。待上机架上升高度超过基坑安全围栏500 mm左右时，停止起升。

⑥指挥桥机，桥机大车行驶至安装间指定位置，下降，使上机架平稳平衡下降落至检修支墩上。

4. 注意事项

（1）起吊重物所选用钢丝绳、吊带、卸扣、吊耳应正确。

(2) 起重指挥信号应清晰、明了。起吊前应检查吊点是否连接可靠,严禁无关人员逗留在起吊重物下方。

(3) 起重机司机除服从指挥司索人员外,对任何人发出的紧急停车信号,都必须服从。

(4) 拆卸设备前应做好记号,拆卸螺栓归类收集。

(5) 上导瓦摆放整齐,瓦面用软质物品掩盖保护好。

(6) 进出风洞应进行工器具登记。

5. 场地清理

工作结束后,清扫工作场地,检查确认无工具或其他异物遗落工作现场;确认所有设备已恢复在正常状态。

9.5 转子上方机械设备回装作业

转子上方机械设备回装作业是电气 A 类检修,检修周期为 7～8 年,适用于本电厂＃1～＃3 机组发电机上机架、上导轴承、推力轴承的回装。

9.5.1 安全注意事项

1. 工作风险分析

起重重物掉落导致人员受伤和设备受损;有坑洞易踩空;场地湿滑易摔倒。

2. 工作安全措施

(1) 工作前,熟知图纸,熟知设备结构;高空作业时应佩戴安全带;作业区场地湿滑,应穿防滑鞋,小心行走。

(2) 工作时,严格按照起重规范要求执行;起吊重物下严禁人员进入;严禁粗暴、野蛮施工。设备过重时应多人合作,动作统一协调,避免碰撞、磕撞使设备损坏;电气设备由相关专业人员拆除,其他人员不得参与;灯光黑暗区,应配置 24 V 安全行灯。

(3) 工作后,拆卸设备放置指定区域,做好保护、防腐等工作;垃圾集中处理;由质量验收小组对本工作的进度及检修质量按照有关要求进行检查、验收并签字确认。

9.5.2 工作准备

转子上方机械设备回装作业工作准备见表 9-5。

表 9-5

序号	项目名称	项目清单
1	图纸	硬件图纸
2	工具	手电筒、扳手、起重用具
3	防护工具	安全帽、防滑鞋子、手套
4	材料	抹布
5	人力	专责1名、辅助工人4名、起重司索工1名、桥机司机1名
6	工期	约8天

9.5.3　工作内容及步骤方法

1. 上机架安装

(1) 上机架捆绑钢丝绳。

①用兜挂法将起吊钢丝绳兜挂在上机架4条支腿上，由于上机架重量较重，为防止支腿棱角边缘将钢丝绳剪切，需用半圆管或其他物品将支腿棱角边缘包裹。

②调整吊钩处于钢丝绳两端中部，使下机架起吊时重心平稳无倾斜，调整吊钩位置处于上机架的中心位置。

(2) 上机架吊入机坑。起升吊钩将上机架吊至转子上方。以发电机主轴轴线为基准不断调整上机架中心轴线与基准轴线接近。缓慢下降上机架支腿距离定子机座约10～30 mm时，穿入上机架支腿紧固螺栓扭入2～3圈螺牙进行导向定位，并插入4个支腿定位销钉，上机架吊装到位松开桥机吊钩钢丝绳。

(3) 安装紧固上机架支腿紧固螺栓。安装紧固上导轴承冷却器进、排水总管法兰螺栓。安装上机架内部消防水管进水总管。安装上机架外环盖板支撑座及盖板。

2. 推力轴承安装

(1) 安装推力瓦，并按图纸要求调整间隙和相对高程。

(2) 我厂推力头与镜板是一体式设计，为保证推力头能顺利套入主轴，一般应对推力头进行加热，加热温度不宜超过100℃，使推力头内孔孔径适当膨胀。推力头与主轴连接平键，应事先配试后装在主轴上，利用推力头拆装工具将推力头套入主轴内。套好后，待温度降至室温时，装上卡环。卡环在转子重量转移到推力轴承上的受力情况下，检查其轴向间隙，用0.03 mm塞尺检查，应不能通过。否则，应抽出，采用研刮方法处理，使卡环两面能均匀地接触。

(3) 将转子重量转移到推力轴承上，利用上导轴承，装上三块导轴瓦，瓦面上涂洁净猪油或透平油，将主轴抱紧，抱紧时用百分表监视，以防止转子位移。通过制动器用油压顶起转子 1～2 mm，然后将制动器锁锭螺母旋下，再慢慢地撤去油压落下转子，转子重量即转移到推力轴承上。

(4) 油冷却器和其他部件安装，油槽内其他部件安装应在机组盘车已结束，推力轴承受力已调整，转动部分调整中心以后进行。安装时应按拆除时的标记和编号进行。油冷却器安装后，连接相应的管路，并做整体水压试验，要求冷却器本身及管路均无渗漏现象。

3. 上导轴承安装

(1) 机组轴线整体盘车通过，机组轴线已调整至中心。

(2) 上导瓦瓦托绝缘垫板安装。

(3) 上导瓦抱瓦。

①将上导瓦放置油槽对应位置。

②装设专用顶丝使瓦面紧贴大轴。调整方法如下：在对称两块瓦处架设百分表，拧紧其中一块导瓦顶丝使大轴往对侧移动 0.01 mm，观察两块百分表指针偏移是否对应。再拧紧另一侧导瓦顶丝使大轴往回移动 0.01 mm，观察两块百分表指针偏移是否对应，是否回零。

③根据厂家图纸要求上导瓦抱瓦间隙为 0.10～0.15 mm 及机组轴线盘车数据进行抱瓦。抱瓦调整方法如下：调整支柱螺钉头部与导瓦瓦背铬钢垫之间的间隙，用塞尺测量来确定瓦的间隙，待间隙符合要求后，用锤子打紧支柱螺钉备帽，导瓦的调整间隙偏差不应超过 0.01 mm。

(4) 上导瓦测温探头安装。导瓦测温电阻、测温探头等安装牢固。

(5) 上导轴承盖安装。

①用酒精、白布将油槽内所有设备表面进行清洗，清洗后要求白布没有污渍。

②用面团将油槽内所有设备表面进行粘滚，将所有微小泥沙、铁屑等杂物清理。

③检查油槽内无杂物及工器具遗留，放置轴承盖密封条。将轴承盖搬运至安装位置按照顺序摆放，搬运过程中注意避免磕碰。拧入盖板周向、合缝处紧固螺栓。

4. 发电机集电环安装

用吊带将集电环捆绑，调整集电环水平缓慢套入主轴上的止口，吊装到位后对称紧固螺栓。

5. 发电机机罩安装

(1) 吊装发电机机罩,下降距离安装接触面约 10 mm 时停止,穿入机罩紧固螺栓扭入 2～3 圈螺牙进行导向定位。下降机罩到位松开吊钩,紧固机罩固定螺栓。

(2) 吊装发电机顶罩,下降距离安装接触面约 10 mm 时停止,穿入机罩紧固螺栓扭入 2～3 螺牙进行导向定位。下降顶罩到位松开吊钩,紧固顶罩固定螺栓吊装。

6. 注意事项

(1) 起吊重物所选用钢丝绳、吊带、卸扣、吊耳应正确。

(2) 起重指挥信号应清晰、明了。起吊前应检查吊点是否连接可靠,严禁无关人员逗留在起吊重物下方。

(3) 起重机司机除服从指挥司索人员外,对任何人发出的紧急停车信号,都必须服从。

7. 场地清理

工作结束后,清扫工作场地,检查确认无工具或其他异物遗落工作现场;确认所有设备已恢复在正常状态。

9.6 转子下方设备回装作业

转子下方设备回装作业是电气 A 类检修,检修周期为 7～8 年,适用于本电厂 ＃1～＃3 机组发电机机械制动、下机架部分回装作业。

9.6.1 安全注意事项

1. 工作风险分析

起重重物掉落导致人员受伤和设备受损;光线不好易导致踩空;场地湿滑易摔倒。

2. 工作安全措施

(1) 工作前,熟知图纸,熟知设备结构;高空作业时应佩戴安全带;作业区场地湿滑,应穿防滑鞋,小心行走。

(2) 工作时,严格按照起重规范要求执行;起吊重物下严禁人员进入;严禁粗暴、野蛮施工。设备过重时应多人合作,动作统一协调,避免碰撞、磕撞使设备损坏;电气设备由相关专业人员拆除,其他人员不得参与;灯光黑暗区，应配置 24 V 安全行灯。

（3）工作后，拆卸设备放置指定区域，做好保护、防腐等工作；产生的垃圾集中处理；由质量验收小组对本工作的进度及检修质量按照有关要求进行检查、验收并签字确认。

9.6.2 工作准备

转子下方设备回装作业工作准备见表 9-6。

表 9-6

序号	项目名称	项目清单
1	图纸	硬件图纸
2	工具	手电筒、扳手、起重用具
3	防护工具	安全帽、防滑鞋子、手套
4	材料	抹布
5	人力	专责 1 名、辅助工人 4 名、起重司索工 1 名、桥机司机 1 名
6	工期	约 10 天

9.6.3 工作内容及步骤方法

1. 下机架安装

（1）下机架捆绑钢丝绳。用卸扣将钢丝绳连接在下机架 4 个支腿上。调整吊钩处于钢丝绳两端中部，使下机架起吊时平稳无倾斜，调整吊钩位置处于下机架的中心位置。

（2）下机架吊入机坑。起升吊钩将下机架吊至机坑定子上方。下机架下降距离地面基础支墩约 50 mm 时，停止下降检查下机架支腿与地面基础支墩编号一致，穿入下机架紧固螺栓扭入 2～3 圈螺牙进行导向定位并插入 4 个支腿定位销钉。下机架吊装到位松开桥机吊钩钢丝绳。

（3）安装紧固下机架基础紧固螺栓，回装机械制动机坑内管路。

2. 下导轴承安装

（1）机组轴线整体盘车通过。

（2）机组轴线已调整至中心。

（3）下导瓦瓦托绝缘垫板安装。

（4）下导瓦抱瓦。

①将下导瓦放置油槽对应位置。

②装设专用顶丝使瓦面紧贴大轴。调整方法如下：在对称两块瓦处架设

百分表,拧紧其中一块导瓦顶丝使大轴往对侧移动 0.01 mm,观察两块百分表指针偏移是否对应。再拧紧另一侧导瓦顶丝使大轴往回移动 0.01 mm,观察两块百分表指针偏移是否对应,是否回零。

③根据厂家技术要求下导瓦抱瓦间隙为 0.15～0.20 mm 及机组轴线盘车数据进行抱瓦。

④抱瓦调整方法如下:调整支柱螺钉头部与导瓦瓦背铬钢垫之间的间隙,用塞尺测量来确定瓦的间隙,待间隙符合要求后,用锤子打紧支柱螺钉备帽,导瓦的调整间隙偏差不应超过 0.01 mm。

⑤下导瓦测温探伤安装。导瓦测温电阻、测温探头等安装牢固。

(5) 下导轴承盖安装。

①用酒精、白布将油槽内所有设备表面进行清洗,清洗后要求白布没有污渍。

②用面团将油槽内所有设备表面进行粘滚,将所有微小泥沙、铁屑等杂物清理。

③检查油槽内无杂物及工器具遗留,放置轴承盖密封条。将轴承盖搬运至安装位置按照顺序摆放,搬运过程中注意避免磕碰使盖板硬质聚氨酯材料密封条损坏。拧入盖板周向、合缝处紧固螺栓。

④安装轴电流互感器。

(6) 下导轴承下油盆安装。

①在下油盆下方周向均匀安装 4 个千斤顶,均匀将下导下油盆顶至一定高度。

②装入下油盆安装导向杆,依靠导向杆上的螺母将底油盆支撑悬挂。

③用酒精、白布将底油盆表面进行清洗,清洗后要求白布没有污渍。用面团将下油盆表面进行粘滚,将所有微小泥沙、铁屑等杂物清理。放置油盆底密封条。

④利用千斤顶将下油盆不断顶起至顶部,同时旋转导向杆上的支撑螺母随下油盆不断上升(防止千斤顶倒坍时油盆下坠砸伤人)。

⑤观察下油盆密封条无松脱,拧入下油盆紧固螺栓。

3. 注意事项

(1) 起吊重物所选用钢丝绳、吊带、卸扣、吊耳应正确。

(2) 起重指挥信号应清晰、明了。起吊前应检查吊点是否连接可靠,严禁无关人员逗留在起吊重物下方。

(3) 起重机司机除服从指挥司索人员外,对任何人发出的紧急停车信号,都必须服从。

(4) 拆卸设备前应做好记号,拆卸螺栓归类收集。

(5) 下导瓦摆放整齐,瓦面用软质物品掩盖保护好。

(6) 进出风洞应进行工器具登记。

4. 场地清理

工作结束后,清扫工作场地,检查确认无工具或其他异物遗落工作现场;确认所有设备已恢复在正常状态。

9.7 上风洞内机械设备检修作业

上风洞内机械设备检修作业为电气C类检修,检修周期为1年,适用于本电厂#1~#3机组发电机上风洞内转子、空冷器、定子部分检修作业。

9.7.1 安全注意事项

1. 工作风险分析

起重重物掉落导致人员受伤和设备受损;光线不好易导致踩空;场地湿滑易摔倒;风洞无照明,易碰撞。

2. 工作安全措施(以#1机组为例)

(1) 工作前,熟知图纸,熟知设备结构;高空作业时应佩戴安全带;作业区场地湿滑,应穿防滑鞋,小心行走;正确戴好安全帽、配足照明灯具,小心行走。

(2) 工作前设备状态:#1机组在“停机”态;投入#1机组调速器机柜紧急停机电磁阀01YY01EV;投入#1机组机械制动风闸;关闭#1机组进水蝶阀。

(3) 工作时,严格按照起重规范要求执行;起吊重物下严禁人员进入;严禁粗暴、野蛮施工。设备过重时应多人合作,动作统一协调,避免碰撞、磕撞使设备损坏;电气设备由相关专业人员拆除,其他人员不得参与;灯光黑暗区,应配置24 V安全行灯。

(4) 工作后,拆卸设备放置指定区域,做好保护、防腐等工作;产生的垃圾集中处理;由质量验收小组对本工作的进度及检修质量按照有关要求进行检查、验收并签字确认。

9.7.2 工作准备

上风洞内机械设备检修作业工作准备见表9-7。

表 9-7

序号	项目名称	项目清单
1	图纸	硬件图纸
2	工具	手电筒、活动扳手、手锤、16～18 mm 梅花扳手、22～24 mm 梅花扳手
3	防护工具	安全帽、防滑鞋子、手套
4	材料	抹布
5	人力	专责1名、辅责1名
6	工期	约0.5天

9.7.3　工作内容及方法

(1) 逐一敲击定子基础螺栓，听声音判断定子基础螺栓是否松动；或查看定子螺栓上划线油漆是否有裂纹移位现象，判断定子基础螺栓是否松动。

(2) 逐一敲击上机架基础螺栓，听声音判断上机架基础螺栓是否松动。必要时用专用扳手进行敲击预紧。

(3) 眼观定子上齿压板是否有焊缝开裂、移位等现象，定子铁芯是否有局部拱起变形现象。

(4) 逐一拿扳手紧固上挡风板固定螺栓，必要时在螺母上涂螺纹紧固胶。

(5) 利用扳手逐一检查上机架内消防管路、油水管路、发电机盖板支撑板等部件紧固螺栓是否松动。或查看各部件紧固螺栓上的油漆是否出现裂纹，判断各部件紧固螺栓是否松动。

(6) 查看推力轴承油位是否正常。

(7) 宏观检查定子基础板、定子分瓣焊缝是否有裂纹。

(8) 检查推力轴承所有进出排水管路是否有渗水现象。

(9) 检查推力轴承油槽所有进出油管路是否有渗水现象。

(10) 查看推力轴承油槽油位计接头有无渗漏，查看推力轴承油槽底部油混水信号器是否有渗油、漏油现象。

(11) 查看空气冷却器及其附属设备是否有漏水、渗水现象。

(12) 检查空气冷却器固定夹子有无松动。

(13) 工作结束后，清扫工作场地，检查确认无工具或其他异物遗落工作现场；确认所有设备已恢复在正常状态；与当值值长确认工作结束，并交代当前设备状况，结束工作票。

9.8 下风洞内机械设备检修作业

下风洞内机械设备检修作业是电气C类检修，检修周期为1年，适用于本电厂#1～#3机组发电机下导轴承、下机架部分、机械制动部分检修。

9.8.1 安全注意事项

1. 工作风险分析

起重重物掉落导致人员受伤和设备受损；光线不好易导致踩空；场地湿滑易摔倒；风洞无照明，容易碰撞。

2. 工作安全措施（以#1机组为例）

（1）工作前，熟知图纸，熟知设备结构；高空作业时应佩戴安全带；作业区场地湿滑，应穿防滑鞋，小心行走。

（2）工作前设备状态：#1机组应处于停机状态；投入#1机组调速器机柜紧急停机电磁阀01YY01EV；投入#1机组机械制动风闸；关闭#1机组进水蝶阀。

（3）工作时，严格按照起重规范要求执行；起吊重物下严禁人员进入；严禁粗暴、野蛮施工。设备过重时应多人合作，动作统一协调，避免碰撞、磕撞使设备损坏；电气设备由相关专业人员拆除，其他人员不得参与；灯光黑暗区，应配置24 V安全行灯。

（4）工作后，拆卸设备放置指定区域，做好保护、防腐等工作；产生的垃圾集中处理；由质量验收小组对本工作的进度及检修质量按照有关要求进行检查、验收并签字确认。

9.8.2 工作准备

下风洞内机械设备检修作业工作准备见表9-8。

表9-8

序号	项目名称	项目清单
1	图纸	硬件图纸
2	工具	手电筒、手锤、活动扳手、16～18 mm梅花扳手、27～30 mm梅花扳手
3	防护工具	安全帽、防滑鞋子
4	材料	抹布

续表

序号	项目名称	项目清单
5	人力	专责1名、辅助工人1名
6	工期	约0.5天

9.8.3 工作内容及方法

(1) 逐一敲击下机架基础螺栓，听声音判断下机架基础螺杆是否松动。必要时用专用扳手进行敲击预紧。

(2) 宏观检查下机架支腿各焊缝是否有裂纹。

(3) 检查下导油盆底板是否有渗油现象。

(4) 查看转子制动环紧固螺栓止动片焊缝是否开裂。

(5) 顶起风闸听风闸密封是否有漏气现象；逐一敲击风闸支墩紧固螺栓听声音判断其是否有松动现象。扳手扭动风闸闸板夹紧螺栓判断其是否松动，闸板回复机构锁紧螺母是否松动；查看风闸闸板是否有开裂、缺块、断裂现象；顶起、落下风闸做试验，查看风闸投入、退出是否灵活。查看风闸行程开关紧固部件是否松动。

(6) 检查下导轴承所有进出排水管路是否有渗水现象。

(7) 查看下导轴承内挡油筒是否有渗油现象。

(8) 查看下导油盆底板紧固螺栓是否松动。

(9) 查看下风洞盖板支墩紧固螺栓是否松动。

(10) 查看下导轴承油位是否正常；查看下导进排油管路是否有渗油现象。

(11) 查看风闸管路接头是否有漏气、渗油现象。

(12) 工作结束后，清扫工作场地，检查确认无工具或其他异物遗落工作现场；确认所有设备已恢复在正常状态；与当值值长确认工作结束，并交代当前设备状况，结束工作票。

第10章 •
主变压器系统作业指导书

10.1 主变检修作业

主变检修作业是电气C类检修，检修周期为1年，适用于＃1、＃2主变压器检修作业。

10.1.1 安全注意事项

1. 工作风险分析

对于人身安全和设备安全，有以下几点风险：

工作人员有触电和高空坠落的风险；有粉尘，容易吸入，对身体有害。

2. 工作安全措施（以＃1主变为例）

（1）工作前，应佩戴口罩；正确使用安全带；验电确无电压后才能工作。

（2）工作前设备状态：

①断开＃1机组出口断路器91CG03QF。

②断开＃2机组出口断路器91CG08QF。

③断开生活区供电开关91CG06QF。

④将＃1机组出口断路器91CG03QF摇至“试验”位置。

⑤将＃2机组出口断路器91CG08QF摇至“试验”位置。

⑥将生活区供电开关91CG06QF摇至“试验”位置。

⑦断开＃1主变高压侧断路器151QF。

⑧断开＃1主变高压侧断路器主变侧隔离开关151－1QS。

⑨投入＃1 主变高压侧断路器 151QF 接地开关 151－17QS。

⑩投入＃1 主变中性点接地开关 151－07QS。

⑪将＃1 主变低压侧隔离开关 04G91－12QS 拉至“试验”位置。

（3）工作后，由质量验收小组对本工作的进度及检修质量按照有关要求进行检查、验收并签字确认。

10.1.2　工作准备

主变检修作业工作准备见表 10-1。

表 10-1

序号	项目名称	项目清单
1	图纸	硬件图纸
2	工具	电工工具 1 套、吸尘器 1 台
3	防护工具	安全帽、防滑鞋子
4	材料	酒精、抹布
5	人力	专责 1 名、辅责 2 名
6	工期	约 1 天

10.1.3　工作内容及方法

（1）主变本体清扫。检查确认主变本体干净整洁，无积尘、无污垢。

（2）主变高低压侧套管、中性点套管及铁芯接地套管清扫、检查。确认套管瓷瓶无裂纹、无放电痕迹。

（3）主变本体各连接法兰面检查。确认主变本体各连接管路法兰连接螺栓，紧固，无松动，无渗油。

（4）主变冷却器清扫检查。确认主变冷却器干净整洁、管路法兰面连接螺栓，紧固，无松动，无渗漏。

（5）主变无载分接开关检查。确认无载分接开关固定螺栓，紧固，无松动，无渗油，无载分接开关位置指示正确。

（6）工作结束后，清扫工作场地，检查确认无工具或其他异物遗落工作现场；确认所有设备已恢复在正常状态；与当值值长确认工作结束，并交代当前设备状况，结束工作票。

10.2　主变冷却器检修作业

主变冷却器检修作业为电气C类检修，周期为1年，适用于本电厂#1、#2主变冷却器定期检查作业。

10.2.1　安全注意事项

1. 工作风险分析

对于人身安全和设备安全，有以下几点风险：

工作人员有触电和高空坠落的风险；有粉尘，容易吸入，对身体有害。

2. 工作安全措施(以#1主变为例)

(1) 工作前，应佩戴口罩；正确使用安全带；验电确无电压后才能工作。

(2) 工作前设备状态：#1主变在“停电”态；断开#1主变冷却器端子箱内电源空开。

(3) 工作后，由质量验收小组对本工作的进度及检修质量按照有关要求进行检查、验收并签字确认。

10.2.2　工作准备

主变冷却器检修作业工作准备见表10-2。

表10-2

序号	项目名称	项目清单
1	图纸	主变冷却器图纸
2	仪器	绝缘表、直流电阻仪、万用表、保护校验仪
3	工具	电工工具1套
4	防护工具	安全帽、防滑鞋子
5	材料	酒精、抹布
6	人力	主责1人、辅责2人
7	工期	约2天

10.2.3　工作内容及方法

(1) 主变冷却器控制柜清扫。

(2) 主变冷却器各风机运行正确。

（3）主变冷却器风机检查；风机开启、关闭正常，无故障报警。

（4）主变冷却器外观正常，无渗透、漏油情况。

（5）检查确认主变冷却器控制柜内电源模块输出电压与额定值无较大偏差。

（6）检查确认主变冷却器 PLC 信号输入。按照厂家图纸上的点表，依次动作其开入信号，继电器对应开入指示灯应显示正确。

（7）操作主变冷却器控制柜冷却器投退把手，冷却器投入、退出动作正确。

（8）操作主变冷却器控制柜电源切换把手，检查冷却器电源投退情况。

（9）校核控制柜内电流继电器。用保护校验仪加电流、核对电流继电器动作值。

（10）检查控制柜内指示灯，指示灯应与冷却器状态对应。

（11）工作结束后，清扫工作场地，检查确认无工具或其他异物遗落工作现场；确认所有设备已恢复在正常状态；与当值值长确认工作结束，并交代当前设备状况，结束工作票。

第 11 章
厂用电系统作业指导书

11.1 10.5 kV 母线 CT 检修作业

10.5 kV 母线 CT 检修作业是电气 B 类检修，检修周期为 3 年，适用于本电厂 10.5 kV Ⅰ、Ⅱ段母线 CT 检修作业。

11.1.1 安全注意事项

1. 工作风险分析

对于人身安全和设备安全，有以下几点风险：

误入间隔；断路器操作机构有压力；作业空间狭小；柜内遗落物品。

2. 工作安全措施

(1) 工作前，认真核对间隔及设备编号；检查断路器操作机构活动部分是否有压力；在断路器控制柜上悬挂“禁止合闸，有人工作”标示牌。

(2) 工作前设备状态：机组处于停机状态，断开机组出口断路器，拉开隔离开关，装设接地线。

(3) 工作后，清点工具，避免遗落；由质量验收小组对本工作的进度及检修质量按照有关要求进行检查、验收并签字确认。

11.1.2 工作准备

10.5 kV 母线 CT 检修作业工作准备见表 11-1。

表11-1

序号	项目名称	项目清单
1	工具	手电筒、吸尘器、套筒扳手
2	防护工具	安全帽、防滑鞋子
3	材料	抹布、无水酒精
4	人力	专责1人、辅助工人3人
5	工期	约3天

11.1.3　检修工艺流程

(1) 清扫绝缘表面的积尘和污垢，必要时可使用无水酒精，表层擦拭干净，固体绝缘表面清洁，无积尘和污垢。

(2) 绝缘表面如有放电痕迹，可用细砂纸打磨掉炭化层，露出正常的树脂绝缘表层后，清洗干净，重新填涂同型号的树脂材料。

(3) 绝缘表面是否有裂纹，如有裂纹及时汇报值班领导。

(4) 检查接线端子有无过热，如发现过热后产生的氧化层，应清除氧化层，涂导电膏。

(5) 检查接线是否紧固，缺少垫圈的应补全。

(6) 检查互感器等电位线是否连接可靠。

(7) 检查互感器上的铭牌标示，信息应齐全、清晰。

(8) 工作结束后，清扫工作场地，检查确认无工具或其他异物遗落工作现场；确认所有设备已恢复在正常状态；与当值值长确认工作结束，并交代当前设备状况，结束工作票。

11.2　10.5 kV母线PT检修作业

10.5 kV母线PT检修作业是电气C类检修，检修周期为1年，适用于本电厂10.5 kV Ⅰ、Ⅱ段母线PT检修。

11.2.1　安全注意事项

1. 工作风险分析

误入间隔；断路器操作机构有压力；作业空间狭小；柜内遗落物品。

2. 工作安全措施(以10.5 kVⅠ段母线PT为例)

(1) 工作前，认真核对间隔及设备编号；检查断路器操作机构活动部分是否有压力。

(2) 工作前设备状态：

①断开#1机组出口断路器91CG03QF。

②断开#2机组出口断路器91CG08QF。

③断开生活区供电开关91CG06QF。

④将#1机组出口断路器91CG03QF摇至“试验”位置。

⑤将#2机组出口断路器91CG08QF摇至“试验”位置。

⑥将生活区供电开关91CG06QF摇至“试验”位置。

⑦断开#1主变高压侧断路器151QF。

⑧断开#1主变高压侧断路器主变侧隔离开关151-1QS。

⑨投入#1主变高压侧断路器151QF接地开关151-17QS。

⑩将#1主变低压侧隔离开关04G91-12QS拉至“试验”位置。

(3) 工作时，必须正确戴好安全帽；工作后清点工具；由质量验收小组对本工作的进度及检修质量按照有关要求进行检查、验收并签字确认。

11.2.2 工作准备

10.5 kV母线PT检修作业工作准备见表11-2。

表11-2

序号	项目名称	项目清单
1	工具	手电筒、吸尘器、套筒扳手
2	防护工具	安全帽、防滑鞋子
3	材料	抹布、无水酒精
4	人力	专责1人、辅责1人
5	工期	约1天

11.2.3 检修工艺流程

(1) 清扫绝缘表面的积尘和污垢，必要时可使用无水酒精，表层擦拭干净，固体绝缘表面清洁，无积尘和污垢。

(2) 绝缘表面如有放电痕迹，可用细砂纸打磨掉炭化层，露出正常的树脂绝缘表层后，清洗干净，重新填涂同型号的树脂材料。

(3) 绝缘表面是否有裂纹，如有裂纹及时汇报值班领导。

(4) 检查接线端子有无过热，如发现过热后产生的氧化层，应清除氧化层，涂导电膏，重新组装紧固，接线端子接触面无氧化层，紧固件齐全，连接可靠。

(5) 检查 PT 一次侧保险是否完好，保险接触部位有无发热氧化现象。如有发热后产生的氧化层，应清除氧化层，涂导电膏，调整保险安装位置的卡扣松紧度，保证保险安装后紧固，接触良好。

(6) 检查接线是否紧固，缺少垫圈的应补全。

(7) 检查互感器等电位线是否连接可靠。

(8) 检查互感器上的铭牌标示，信息应齐全、清晰。

(9) 工作结束后，清扫工作场地，检查确认无工具或其他异物遗落工作现场；确认所有设备已恢复在正常状态；与当值值长确认工作结束，并交代当前设备状况，结束工作票。

11.3　10.5 kV 母线检修作业

10.5 kV 母线检修为电气 B 类检修，检修周期为 3 年，适用于本电厂 10.5 kV Ⅰ、Ⅱ段母线定期检查作业。

11.3.1　安全注意事项

1. 工作风险分析

对于人身安全和设备安全，有以下几点风险：

人身触电；短路或不当操作损坏设备；吸入粉尘。

2. 工作安全措施(以 10.5 kVⅠ段母线为例)

(1) 工作前，工作负责人应组织工作班学习施工措施，检查遮栏、标示牌是否设置正确清楚，并向工作班人员指明工作范围及周围带电设备；工作班人员进入工作现场应戴安全帽，按规定着装，服从命令听指挥；工作负责人应对定检设备进行验电。

(2) 工作前设备状态：

①断开＃1 机组出口断路器 91CG03QF。

②断开＃2 机组出口断路器 91CG08QF。

③断开生活区供电开关 91CG06QF。

④断开＃1 厂变供电开关 91CG07QF。

⑤断开 400 VⅠ段进线断路器 41CY01QF。

⑥将 400 VⅠ段进线断路器 41CY01QF 摇至“试验”位置。

⑦手动倒换厂用电用400VⅡ段带Ⅰ段运行。

⑧将＃1机组出口断路器91CG03QF摇至“试验”位置。

⑨将＃2机组出口断路器91CG08QF摇至“试验”位置。

⑩将生活区供电开关91CG06QF摇至“试验”位置。

⑪断开＃1主变高压侧断路器151QF。

⑫断开＃1主变高压侧断路器主变侧隔离开关151－1QS。

⑬投入＃1主变高压侧断路器151QF接地开关151－17QS。

⑭投入＃1主变中性点接地开关151－07QS。

⑮将＃1主变低压侧隔离开关04G91－12QS拉至“试验”位置。

⑯在10.5 kVⅠ段母线上悬挂一组临时接地线。

(3) 工作后，作业中所使用的工具器，应清点清楚，防止遗漏在检修设备内；试验所挂的临时接地线，试验结束后应拆除完毕，防止设备在投入运行时发生短路故障；由质量验收小组对本工作的进度及检修质量按照有关要求进行检查、验收并签字确认。

11.3.2 工作准备

10.5 kV母线检修作业工作准备见表11-3。

表11-3

序号	项目名称	项目清单
1	图纸	竣工图
2	工具	活动扳手、M24－19梅花扳手、内六角扳手1套、照明灯具、吸尘器
3	防护工具	安全帽、防尘口罩
4	材料	抹布、酒精
5	人力	专责1名、辅助工人2名
6	工期	约2天

11.3.3 工作内容及方法

(1) 检查清扫Ⅰ段内母线室、母线、绝缘件、直流小母排及盘柜，清除积尘。

(2) 检查电缆室连接铜排、绝缘件、互感器、避雷器、带电显示器绝缘子等。

(3) 检查母线室各电气连接点螺栓是否紧固，是否有过热变色现象。

（4）检查电流、电压互感器，避雷器绝缘表面有无裂纹和放电，以及接线端子有无过热现象。

（5）检查电流、电压互感器，避雷器绝缘表面有无裂纹和放电，以及接线端子有无过热迹象。

（6）工作结束后，清扫工作场地，检查确认无工具或其他异物遗落工作现场；确认所有设备已恢复在正常状态；与当值值长确认工作结束，并交代当前设备状况，结束工作票。

11.4　400 V 厂用电Ⅰ段配电柜检修作业

400 V 厂用电Ⅰ段配电柜检修作业为电气 C 类检修，检修周期为 1 年，适用于 400 VⅠ、Ⅱ段自用、全厂公用、大坝及全厂照明配电柜检修作业。

11.4.1　安全注意事项

1. 工作风险分析

对于人身安全和设备安全，有以下几点风险：

人身触电；短路或不当操作损坏设备；吸入粉尘。

2. 工作安全措施（以 10.5 kVⅠ段母线为例）

（1）工作前，工作负责人应组织工作班学习施工措施，检查遮栏、标示牌是否设置正确清楚，并向工作班人员指明工作范围及周围带电设备；工作班人员进入工作现场应戴安全帽，按规定着装，服从命令听指挥；工作负责人应对定检设备进行验电。

（2）工作前设备状态：

①断开 10.5 kVⅠ段母线进线断路器 91CG07QF，倒换 400 V 厂用电。

②断开 400 VⅠ段进线断路器 41CY01QF。

③断开 400 VⅠ、Ⅱ段母线联络断路器 41CY05QF。

④将 10.5 kVⅠ段母线进线断路器 91CG07QF 拉出至“检修”位置。

⑤将 400 VⅠ段进线断路器 41CY01QF 拉出至“检修”位置。

⑥将 400 VⅠ、Ⅱ段母线联络断路器 41CY05QF 拉出至“检修”位置。

（3）工作后，作业中所使用的工具器，应清点清楚，防止遗漏在检修设备内；由质量验收小组对本工作的进度及检修质量按照有关要求进行检查、验收并签字确认。

11.4.2 工作准备

400 V厂用电Ⅰ段配电柜检修作业工作准备见表11-4。

表11-4

序号	项目名称	项目清单
1	图纸	硬件图纸
2	工具	电工工具1套、吸尘器1台
3	防护工具	安全帽、防滑鞋子、口罩
4	材料	酒精、抹布
5	人力	主责1人、辅责1名
6	工期	约2天

11.4.3 工作内容及方法

(1) 检查开关柜整体，盘面干净，无油污；盘内整洁，无遗留物。

(2) 检查母线系统，母线表面清洁，连接紧密牢固

(3) 检查电缆连接部位，接线牢固，电缆外观无损伤。

(4) 系统联调、模拟试验，备自投、断路器动作逻辑正确；所有控制、保护功能动作正常、稳定，且符合电气原理图的要求。

(5) 工作结束后，清扫工作场地，检查确认无工具或其他异物遗落工作现场；确认所有设备已恢复在正常状态；与当值值长确认工作结束，并交代当前设备状况，结束工作票。

11.5 直流系统作业

直流系统作业为电气C类检修，检修周期为1年，适用于220 V直流系统第Ⅰ、Ⅱ组蓄电池充放电试验。

11.5.1 安全注意事项

1. 工作风险分析

误入间隔；工作中有触电的危险；作业空间狭小，易碰撞；柜内遗落物品，损坏设备。

2. 工作安全措施(以直流系统第Ⅰ组蓄电池为例)

(1) 工作前,认真核对间隔及设备编号;验电确无电压后才能工作。

(2) 工作前设备状态:将试验设备接至 220 V 直流Ⅰ段母线;检查 220 V 直流Ⅰ段母线供电是否正常;断开 220 V 直流Ⅰ段蓄电池供电开关 14ZK;断开 220 V 直流Ⅰ段充电机充电开关 13ZK;断开直流系统所有输出开关。

(3) 工作时必须正确戴好安全帽;工作前后清点工具;试验所挂的临时接地线,试验结束后应拆除完毕,防止设备在投入运行时发生短路故障。

(4) 工作后,由质量验收小组对本工作的进度及检修质量按照有关要求进行检查、验收并签字确认。

11.5.2　工作准备

直流系统作业工作准备见表 11-5。

表 11-5

序号	项目名称	项目清单
1	图纸	220 V 直流系统图纸
2	仪器	放电电阻箱、万用表 FLUKE87
3	工具	套筒、手电筒、红外线测温仪
4	防护工具	安全帽、绝缘手套
5	材料	抹布
6	人力	高级工人 1 名、辅责 1 名
7	工期	约 1.5 天

11.5.3　工作内容及方法

风险分解 1:充放电试验前,要检查直流供电是否正常,避免出现直流供电故障。

风险分解 2:腐蚀液体,工作有腐蚀危险,避免皮肤接触,佩戴保护器具。

(1) 断开 220 V 直流Ⅰ段试验回路空开 1QS。

(2) 将放电电阻箱接至试验回路。

(3) 合上 220 V 直流Ⅰ段试验回路空开 1QS。

(4) 检查试验接线。

(5) 调整好放电电阻箱。

(6) 合上 220 V 直流Ⅰ段蓄电池供电开关 14ZK。

(7) 蓄电池放电时,电流应该控制在 100 A,恒流放电 8 h,蓄电池放电容量达到额定容量的 80%以上;若单节电池的电压低于 1.8 V,则该蓄电池损坏。

(8) 放电试验完成后,断开 220 V 直流Ⅰ段蓄电池供电开关 14ZK。

(9) 断开 220 V 直流Ⅰ段试验回路空开 1QS,解除试验接线。

(10) 待电池放电结束 2 小时后,蓄电池开始充电。

(11) 合上 220 V 直流Ⅰ段充电机交流供电开关 13ZK,开启所有充电模块。

(12) 合上 220 V 直流Ⅰ段蓄电池供电开关 14ZK。

(13) 开关位置投好后,观察蓄电池电流表,此时充电电流为 100 A。

(14) 工作结束后,清扫工作场地,检查确认无工具或其他异物遗落工作现场;确认所有设备已恢复在正常状态;与当值值长确认工作结束,并交代当前设备状况,结束工作票。

11.6 厂变负荷开关检修作业

厂变负荷开关检修作业为电气 C 类检修,检修周期为 1 年,适用于#1、#2 厂变负荷开关检修作业。

11.6.1 安全注意事项

1. 工作风险分析

误入间隔;工作中有触电的危险;作业空间狭小,易碰撞;柜内遗落物品,损坏设备。

2. 工作安全措施(以#1 厂变负荷开关 91CG07QF 为例)

(1) 工作前,认真核对间隔及设备编号;验电确无电压后才能工作。

(2) 工作前设备状态:断开 10.5 kVⅠ段母线进线断路器 91CG07QF,倒换 400 V 厂用电;断开 400 VⅠ段进线断路器 41CY01QF;将 10.5 kVⅠ段母线进线断路器 91CG07QF 拉出至"检修"位置;将 400 VⅠ段进线断路器 41CY01QF 拉出至"检修"位置。

(3) 工作前后清点工具;试验所挂的临时接地线,试验结束后应拆除完毕,防止设备在投入运行时发生短路故障;由质量验收小组对本工作的进度及检修质量按照有关要求进行检查、验收并签字确认。

11.6.2　工作准备

厂变负荷开关检修作业工作准备见表 11-6。

表 11-6

序号	项目名称	项目清单
1	图纸	竣工图
2	工具	活动扳手、开口梅花扳手 1 套、内六角扳手 1 套、照明灯具、吸尘器
3	防护工具	安全帽、防尘口罩
4	材料	抹布、酒精
5	人力	专责 1 名、辅责 1 名
6	工期	约 1 天

11.6.3　工作内容及方法

(1) 检查断路器操动机构外壳清扫情况。

(2) 确认断路器表面清洁、无污垢。

(3) 确认断路器气室表面无损坏。

(4) 检查断路器及操作机构，室内静触头应无过热、烧蚀痕迹以及箍簧移位、断裂现象；检查合分闸线圈表面是否有变色；检查合分闸线圈中线插头是否脱落，检查合闸锁扣是否好用，缓冲器部位是否有异常，合分闸指示是否正确。

(5) 工作结束后，清扫工作场地，检查确认无工具或其他异物遗落工作现场；确认所有设备已恢复在正常状态；与当值值长确认工作结束，并交代当前设备状况，结束工作票。

11.7　厂变检修作业

厂变检修作业是电气 C 类检修，检修周期为 1 年，适用于＃1、＃2 高压厂变清扫检修作业。

11.7.1　安全注意事项

1. 工作风险分析

工作中有触电的危险；工作中有高空坠落的危险；工作中有吸入粉尘的危险。

2. 工作安全措施(以#1高压厂变91CG01TM为例)

(1) 工作前,应佩戴口罩,正确使用安全带,验电确无电压后才能工作。

(2) 工作前设备状态:断开10.5 kVⅠ段母线进线断路器91CG07QF,倒换400 V厂用电;断开400 VⅠ段进线断路器41CY01QF;将10.5 kVⅠ段母线进线断路器91CG07QF拉出至"检修"位置;将400 VⅠ段进线断路器41CY01QF拉出至"检修"位置;在#1厂变高、低压侧分别挂一组临时接地线。

(3) 工作后,由质量验收小组对本工作的进度及检修质量按照有关要求进行检查、验收并签字确认。

11.7.2 工作准备

厂变检修作业工作准备见表11-7。

表11-7

序号	项目名称	项目清单
1	图纸	硬件图纸
2	工具	电工工具1套、吸尘器1台
3	防护工具	安全帽、防滑鞋子
4	材料	酒精、抹布
5	人力	专责1名、辅责1名
6	工期	约1天

11.7.3 工作内容及方法

(1) #1厂变本体清扫,无污垢。

(2) 检查#1厂变高低压侧套管、中性点套管及铁芯接地套管,相间隔板确认无破损、变形、发热和放电痕迹,隔板固定牢固。

(3) #1厂变绕组及引线绝缘表面无破损、脱落,绕组无变形、位移,引线无断股过热现象。

(4) #1厂变铁芯检查,表面绝缘漆膜无脱落、变色、放电、烧伤痕迹,铁芯应平整、边侧的硅钢片无翘起,铁芯接地可靠。

(5) #1厂变铁芯上下夹件、方铁、绕组压板紧固无松动、绝缘良好,绝缘压板无爬电烧伤和放电痕迹。

(6) 工作结束后，清扫工作场地，检查确认无工具或其他异物遗落工作现场；确认所有设备已恢复在正常状态；与当值值长确认工作结束，并交代当前设备状况，结束工作票。

11.8　机组出口断路器操作机构检修

机组出口断路器操作机构检修是电气 C 类检修，检修周期为 1 年，适用于＃1、＃2、＃3 机组出口断路器操作机构检修工作。

11.8.1　安全注意事项

1. 工作风险分析

误入间隔；工作中有触电的危险；作业空间狭小，易碰撞；柜内遗落物品，损坏设备；操作机构有压力，易受伤。

2. 工作安全措施(以＃1 机组出口断路器 91CG03QF 为例)

(1) 工作前，认真核对间隔及设备编号；确认操作机构活动部分是否有压力；必须正确戴好安全帽；验电确无电压后才能工作。

(2) 工作前设备状态：断开＃1 机组出口断路器 91CG03QF；将＃1 机组出口断路器 91CG03QF 摇至"试验"位置；断开＃1 机组出口断路器 91CG03QF 控制柜内控制电源小空开 F1、F2、F3、F4、F5。

(3) 工作前后清点工具；试验所挂的临时接地线，试验结束后应拆除完毕，防止设备在投入运行时发生短路故障。

(4) 工作后，由质量验收小组对本工作的进度及检修质量按照有关要求进行检查、验收并签字确认。

11.8.2　工作准备

机组出口断路器操作机构检修工作准备见表 11-8。

表 11-8

序号	项目名称	项目清单
1	图纸	结构图
2	工具	活动扳手、开口梅花扳手 1 套、尖嘴钳
3	防护工具	安全帽、防尘口罩
4	材料	抹布、酒精

续表

序号	项目名称	项目清单
5	人力	专责1名、辅责1名
6	工期	约0.5天

11.8.3 工作内容及方法

(1) 断路器操作机构清扫检查。

(2) 表面清洁、无污垢。

(3) 检查断路器操作机构弹簧有无移位、断裂现象。

(4) 确认断路器各侧连接部分紧固、无松动、无氧化腐蚀及渗油等现象,检查机构做标记位置是否有变化。

(5) 确认断路器操作机构二次电缆接线紧固、无松动,且无过热、放电现象。

(6) 检查合分闸线圈表面是否有变色;合分闸线圈插头是否脱落;合分闸线圈阀芯是否活动灵活,应无卡塞现象;合分闸指示是否正确。

(7) 工作结束后,清扫工作场地,检查确认无工具或其他异物遗落工作现场;确认所有设备已恢复在正常状态;与当值值长确认工作结束,并交代当前设备状况,结束工作票。

第12章 •
励磁系统检修作业指导书

12.1 机组励磁系统检修

励磁系统检修为电气C类检修，检修周期为1年，适用于本电厂＃1、＃2、＃3机组励磁系统检修。

12.1.1 安全注意事项

1. 工作风险分析

误入间隔；作业空间狭小，易碰撞；柜内遗落物品，损坏设备。

2. 工作安全措施(以＃1机组励磁系统为例)

(1) 工作前，认真核对间隔及设备编号；必须正确戴好安全帽才能工作。

(2) 工作前设备状态：机组在停机或空载状态；工作过程中不要碰摸带电部分和自动化元件。

(3) 工作前后清点工具；试验所挂的临时接地线，试验结束后应拆除完毕，防止设备在投入运行时发生短路故障。

(4) 工作后，由质量验收小组对本工作的进度及检修质量按照有关要求进行检查、验收并签字确认。

12.1.2 工作准备

机组励磁系统检修工作准备见表12-1。

表 12-1

序号	项目名称	项目清单
1	图纸	励磁硬件图、软件图
2	工具	吸尘器
3	防护工具	安全帽、防滑鞋子
4	材料	抹布
5	人力	专责 1 名、辅责 1 名
6	工期	约 1 天

12.1.3 工作内容及方法

(1) 在停机状态检查风机、卡件、散热器的灰尘及污垢并及时清理。

(2) 检查确认各卡件指示灯正常,控制面板无报警。

(3) 开机组至空载态。

(4) 检查功率柜的空气流量,有无异常噪声。

(5) 检查电源输入输出电压是否正常。

(6) 通过调试软件检查参数发电机电压、发电机电流、励磁电流、励磁电压、同步电压、整流桥温度;将相关测量值与监控测量回路比较,应无太大偏差。

(7) 检查备用控制回路,通过增减励磁给定值,观察调节柜面板 A、B 通道的调节参数 UKa、UKb、UKc;备用通道应自动跟踪工作通道;调节参数能够迅速调整至基本一致,表示备用回路正常;在参数跟踪完成后,切至备用通道,励磁电流和发电机电压无明显波动。

(8) 定期更换励磁风机滤网:

①如机组在运行态,检查风机的运行声音及过滤网的风速、风压,进风少时应更换清洗过的滤网。

②取下过滤网防护罩。

③迅速取下过滤网,换上新的过滤网。

④回装防护罩。

⑤更换完成后,再次检查风压及风速,检查风机的运行是否正常。

(9) 工作结束后,清扫工作场地,检查确认无工具或其他异物遗落工作现场;确认所有设备已恢复在正常状态;与当值 ON-CALL 确认工作结束,并交代当前设备状况,结束工作票。

12.2　机组滑环碳刷检查

机组滑环碳刷检查为电气C类检查，检修周期为1年，适用于＃1、＃2、＃3机组滑环碳刷清扫检查。

12.2.1　安全注意事项

1. 工作风险分析

误入间隔；工作中有触电的危险；作业空间狭小，易碰撞；柜内遗落物品，损坏设备；碳刷松动易损坏；透平油易污染环境，有粉尘污染，易吸入。

2. 工作安全措施(以＃1机组为例)

(1) 工作前，认真核对间隔及设备编号；人员应戴口罩；验电确无电压后才能工作。

(2) 工作前设备状态：

①＃1机组在停机状态。

②＃1机组出口断路器91CG03QF在分闸位置。

③摇出＃1机组出口断路器91CG03QF至“检修”位置。

④摇出＃1机机端电压互感器02G01TV至“检修”位置。

⑤摇出＃1机励磁电压互感器01G01TV至“试验”位置。

⑥＃1机组灭磁断路器QE在断开位置。

⑦在＃1机组灭磁开关引出线下端验电，确认无压，悬挂一组接地线。

⑧在＃1机组灭磁开关柜及机组出口断路器控制柜上分别悬挂“禁止合闸，有人工作”标示牌。

(3) 工作结束前，工作负责人及工作班人员，分别检查碳刷是否固定牢固；工作后，工器具清点清楚，油垃圾分类处置。

(4) 工作后，由质量验收小组对本工作的进度及检修质量按照有关要求进行检查、验收并签字确认。

12.2.2　工作准备

机组滑环碳刷检查工作准备见表12-2。

表 12-2

序号	项目名称	项目清单
1	工具	手电筒、吸尘器、扳手
2	防护工具	安全帽、防滑鞋子
3	材料	抹布、无水酒精、电气机械清洗剂
4	人力	4 人
5	工期	约 1 天

12.2.3 检修工艺流程

(1) 滑环清扫,用抹布及无水酒精清扫滑环上的碳粉及污渍。滑环清洁干净,无积碳和污垢。

(2) 碳刷、滑环固定绝缘杆清扫。用抹布及无水酒精清扫滑环上的碳粉及污渍。无积碳和污垢。

(3) 检查滑环有无放电痕迹。有放电痕迹,需找明原因。用无水酒精擦拭炭化层,必要时可以使用细砂纸。

(4) 检查碳刷、滑环固定绝缘杆有无放电痕迹。用无水酒精擦拭炭化层,必要时可以使用细砂纸。

(5) 确认励磁电缆与集电环连接螺栓紧固无松动过热现象。

(6) 集电环表面光滑、无麻点或沟纹,集电环各定位绝缘块、穿心绝缘螺杆紧固,锁片齐全且锁紧。如有划痕须用细砂纸小心打磨平滑。

(7) 集电环对地绝缘大于 0.5 MΩ。

(8) 检查各刷磨损量是否均小于总长度的 1/2,长度不足的更换新碳刷。

(9) 确认碳刷刷握紧固无裂纹、无变形,弹簧压力适中。

(10) 用吸尘器及抹布清扫工作现场,保证清洁无污垢。

(11) 工作结束后,清扫工作场地,检查确认无工具或其他异物遗落工作现场;确认所有设备已恢复在正常状态;与当值值长确认工作结束,并交代当前设备状况,结束工作票。

12.3 励磁变维护检查

励磁变维护检查为电气 C 类检修,检修周期为 1 年,适用于♯1、♯2、♯3 机组励磁变清扫检查。

12.3.1 安全注意事项

1. 工作风险分析

误入间隔；工作中有触电的危险；作业空间狭小，易碰撞；柜内遗落物品，损坏设备。

2. 工作安全措施（以＃1 机组为例）

（1）工作前，认真核对间隔及设备编号；工作时必须正确戴好安全帽；验电确无电压后才能工作。

（2）工作前设备状态：

①断开＃1 机组出口断路器 91CG03QF。

②将＃1 机组出口断路器 91CG03QF 摇至“试验”位置。

③断开＃1 机组中性点接地开关 910QS。

④＃1 机组出口母线电压互感器 02G01TV 小车退到检修位。

⑤合上＃1 机出口接地开关 91CG03－1QS。

⑥在＃1 机组中性点接地开关 910QS 上端悬挂一组接地线。

⑦在＃1 机励磁变压器 01ETM 低压侧挂一组接地线。

（3）工作前后清点工具；试验所挂的临时接地线，试验结束后应拆除完毕，防止设备在投入运行时发生短路故障。

（4）工作后，由质量验收小组对本工作的进度及检修质量按照有关要求进行检查、验收并签字确认。

12.3.2 工作准备

励磁变维护检查工作准备见表 12-3。

表 12-3

序号	项目名称	项目清单
1	图纸	硬件图纸
2	工具	电工工具 1 套、吸尘器 1 台
3	防护工具	安全帽、防滑鞋子
4	材料	酒精、抹布
5	人力	专责 1 名、辅责 1 名
6	工期	约 1 天

12.3.3 工作内容及方法

(1) ＃1 机组励磁变本体清扫。

(2) ＃1 机组励磁变相间检查,隔板有无破损、变形、发热和放电痕迹等现象,确认隔板固定牢固。

(3) ＃1 机组励磁变绕组及引线绝缘表面检查,检查有无破损、脱落、绕组变形、位移、引线断股过热现象。

(4) ＃1 机组励磁变铁芯接地检查,确认是否牢固可靠。

(5) ＃1 机组励磁变铁芯表面绝缘漆膜检查,有无脱落、变色放电烧伤痕迹等现象,铁芯应平整、边侧的硅钢片无翘起。

(6) ＃1 机组励磁变铁芯上下夹件、方铁、绕组压板检查,是否紧固无松动、绝缘良好,绝缘压板应无爬电烧伤和放电痕迹等。

(7) ＃1 机组励磁变高、中引线母排支持瓷瓶表面检查,检查有无裂痕、损伤等,表面清扫干净。

(8) 工作结束后,清扫工作场地,检查确认无工具或其他异物遗落工作现场;确认所有设备已恢复在正常状态;与当值值长确认工作结束,并交代当前设备状况,结束工作票。

第 13 章
继电保护系统作业指导书

13.1　110 kV 母线保护检修作业

110 kV 母线保护检修作业为电气 C 类检修，检修周期为 1 年，适用于 110 kV 母线保护检修作业。

13.1.1　安全注意事项

1. 工作风险分析

（1）对于人身安全，有以下几点风险：

开关传动造成人员受伤及设备事故；误碰带电部位；低压电源造成触电伤害；二次回路通电试验造成触电。

（2）对于设备安全，有以下几点风险：

误入间隔；误甩、接线；漏拆联跳接线或漏取压板，易造成误跳运行设备；检查回路不仔细，容易产生寄生回路；试验时变动定值忘记恢复，造成误整定事故；运行中开关误跳闸；电流二次回路开路；电压回路反送电；现场安全技术措施及图纸如有错误，可能造成做安全技术措施时误跳运行设备；拆动二次接线如拆端子外侧接线，有可能造成二次交、直流电压回路短路、接地，联跳回路误跳运行设备；带电插拔插件，易造成集成块损坏；频繁插拔插件，易造成插件接插头松动。

2. 工作安全措施

(1) 工作前,开关传动试验前必须先通知相关检修人员,并征得一次工作负责人的同意,分合开关由运行人员操作;核对定值单;使用绝缘工具,穿长袖工作服并将袖口扣好,必要时戴绝缘手套,所甩开的线头用绝缘胶带包;退出保护装置跳其他运行中开关压板,在工作中认真核对现场实际接线和图纸资料,严禁短接任何出口跳运行中开关的端子;严格按照两票三制,认真核对设备名称及编号;工作负责人应在工作现场向工作班成员交代工作内容、停电范围及注意事项,工作中要认真核对设备名称,做好相互监护和提醒。

(2) 工作前设备状态:

①断开#1机组出口断路器91CG03QF。

②将#1机组出口断路器91CG03QF摇至“试验”位置。

③断开#2机组出口断路器91CG08QF。

④#2机组出口断路器91CG08QF摇至“试验”位置。

⑤开#3机组出口断路器92CG14QF。

⑥#3机组出口断路器92CG14QF摇至“试验”位置。

⑦位机断开#1主变高压侧断路器151QF。

⑧位机断开#1主变高压侧隔离开关151-1QS。

⑨#1主变低压侧隔离开关柜91CG04QF拉至“试验”位置。

⑩上位机断开#2主变高压侧断路器152QF。

⑪上位机断开#2主变高压侧隔离开关152-1QS。

⑫将#2主变低压侧隔离开关柜92CG13QF拉至“试验”位置。

⑬上位机断开110 kV弄那线出线断路器153QF 。

⑭上位机断开110 kV弄那线母线侧隔离开关153-1QS。

⑮上位机断开110 kV弄那线线路侧隔离开关153-2QS。

⑯上位机断开110 kV弄洞Ⅰ线出线断路器154QF 。

⑰上位机断开110 kV弄洞Ⅰ线母线侧隔离开关154-1QS。

⑱上位机断开110 kV弄洞Ⅰ线线路侧隔离开关154-2QS。

⑲退出110 kV母线保护所有硬压板。

(3) 工作时:

①拆接电源时先用万用表测量是否带电,必要时戴手套,试验用电源板应有漏电保安器;电源线使用护套线。

②拆接试验线时，必须把外加电流、电压降至零位，关闭试验装置电源后方可进行。

③试验线线夹必须带绝缘套，试验线不允许有裸露处，接头要用绝缘胶布包好，接线端子旋钮要拧紧。

④甩线时，一人解线一人监护，并逐项记录，恢复接线时要根据记录认真核对。

⑤在电压回路加入电压前，必须先甩开电压回路中间连接片。

⑥集中注意力，谨慎作业。

（4）校验工作结束恢复安全措施后，用万用表测量回路，确认通断良好；由质量验收小组对本工作的进度及检修质量按照有关要求进行检查、验收并签字确认。

3. 工作人员要求

（1）身体健康、精神状态良好。

（2）工作人员应为专业从事继电保护检修及检验人员，并且通过安规考试及技能资格审查，同时具备必要的电气知识，并经安规考试合格。全体工作人员必须穿绝缘鞋，进入设备区必须戴安全帽。

（3）工作时不得穿短袖，带电工作时必须戴手套。作业中互相关心施工安全，及时纠正威胁安全的行为，知道作业地点、作业任务，知道临近带电部位。

（4）每组必须至少两人一起工作，其中有一人应为有经验的人员且担任监护人。

13.1.2　工作准备

110 kV 母线保护检修作业工作准备见表 13-1。

表 13-1

序号	项目名称	项目清单
1	图纸	图纸、竣工资料、上一次试验报告、定值通知单
2	仪器	继保测试仪、万用表、钳型电流表、绝缘表 1 000 A/2 500 V
3	工具	组合工具 2 套、电源电缆盘 220 V/10 A、试验接线
4	防护工具	安全帽、防滑鞋子
5	材料	抹布

13.1.3 作业程序及作业标准

1. 作业流程图(图 13-1)

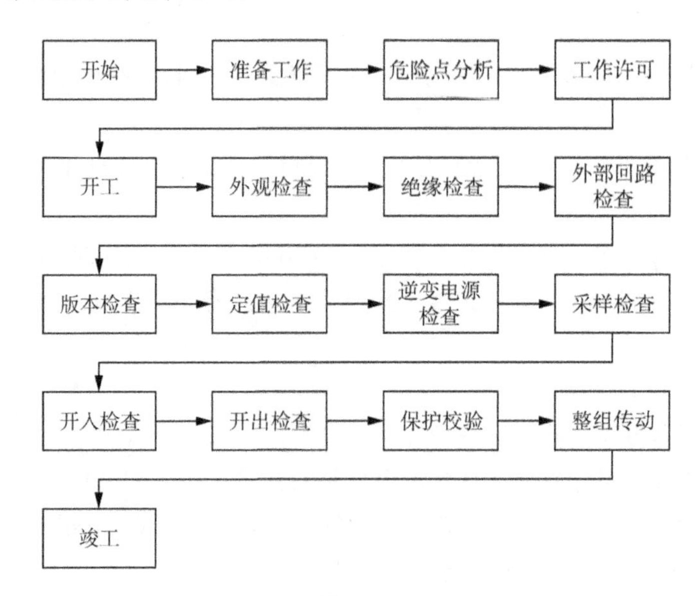

图 13-1

2. 作业程序及作业标准

(1) 外观检查

①保护屏体及屏内设备

屏、柜的正面及背面各电器、端子排、切换压板等应标明编号、名称、用途及操作位置,其标明的字迹应清晰、工整,确保不脱落、脱色。

保护通道及接口设备标识清晰、正确,并与有关图纸相符合。

装置面板键盘完整,操作灵活,液晶屏幕显示清楚,运行指示灯显示正常。

保护屏本身必须可靠接地。

保护装置的箱体,必须可靠接地。

②端子排

端子箱内应无严重灰尘、无放电痕迹。

端子箱内应无严重潮湿、进水现象。

检查端子箱的驱潮回路、照明是否完备。

端子箱的接地正确完好。

端子箱内各种标识应正确、清晰、齐全。

③二次回路接线

端子排上内部、外部连接线以及沿电缆敷设路线上的电缆标号正确、完整。

分(合)闸引出端子应与强电源适当隔开。

正负电源在端子排上的布置应适当隔开。

对外每个端子的每个端口只允许接一根线,不允许两根线压接在一起。

引入屏、柜的电缆应固定牢固,不得使所接的端子排受到机械应力。

电缆屏蔽层接地可靠。对于单屏蔽层的二次电缆,屏蔽层应两端接地,对于双屏蔽层的二次电缆,外屏蔽层两端接地,内屏蔽层宜在户内端一点接地。

所有电缆及芯线应无机械损伤,绝缘层及铠甲应完好无破损。

电缆固定应牢固可靠,接线端子排不受拉扯。电缆牌应整齐,装置背面接线与图纸相符,无断线。

所有室外电缆的电缆头,如电流互感器、电压互感器、断路器机构箱、端子箱等处的电缆头应置于接线盒或机构箱内,不能外露,以利于防雨、防油和防冻。所有室外电缆应预留有一定的裕度。

电缆的保护套管合适,电缆应挂标识牌,电缆孔封堵严密。

所有二次电缆及端子排二次接线的连接应可靠,芯线标识齐全、正确、清晰,芯线标识应用线号机打印,不能手写。芯线标识应包括回路编号及电缆编号。

④压板检查

跳闸连接片的开口端应装在上方,接至断路器的跳闸线圈回路。

跳闸连接片在退出过程中必须和相邻跳闸连接片有足够的距离,以保证在操作跳闸连接片时不会碰到相邻的跳闸连接片。

检查并确证跳压板在投入后能可靠地接通回路,且不会接地。

穿过保护屏的跳闸压板导电杆必须有绝缘套,并距屏孔有明显距离。

⑤屏蔽接地检查

保护引入、引出电缆必须用屏蔽电缆。

屏蔽电缆的屏蔽层必须两端接地。

保护屏底部的下面应构造一个专用的接地铜网格,各保护屏的专用接地端子经一定截面铜线连接到此铜网格上。

(2) 通电初步检查

①保护装置的通电自检

通电自检应无异常情况。

软件版本和程序校验码的核查，保护软件版本号及程序校验码的核对应和整定单及原记录一致。

时钟的检查，装置时间应正确无误。

打印机联机检查，数据打印正常。

(3) 绝缘检查

①检测要求

用 1 000 V 兆欧表测量，绝缘电阻应大于 10 MΩ。

②检测方法

对直流控制回路，用 1 000 V 兆欧表测量回路对地的绝缘电阻，其阻值均应大于 10 MΩ。

对电流、电压回路，将电流、电压回路的接地点拆开，分别用 1 000 V 兆欧表测量各回路对地的绝缘电阻，其绝缘电阻应大于 10 MΩ。

③注意事项

摇测时应通知有关人员暂时停止在回路上的一切工作，断开被检验装置的交直流电源。

对于长电缆回路对地摇测结束后需对地进行放电。

部分检验时，可只进行电流、电压回路对地绝缘检查。

(4) 电流互感器及二次回路检查

①检测要求

检查电流互感器二次绕组的用途、接地点位置。

电流互感器的二次回路有且只能有一个接地点。独立的、与其他互感器二次回路没有电的联系的电流互感器二次回路，宜在开关场实现一点接地。由几组电流互感器组合的电流回路，如各种多断路器主接线的保护电流回路，其接地点宜选在控制室。

②检测方法

核查设备铭牌(组别)、图纸、试验报告等，并与实际接线进行核对。

电流回路一点接地检查可结合绝缘检查进行，断开电流互感器二次回路接地点，检查全回路对地绝缘。

③注意事项

保护用互感器绕组级别应符合有关要求。

保护用的电流互感器二次绕组排列应不存在保护死区。

(5) 电压互感器及二次回路检查

①检测要求

电压互感器的二次回路必须有且只能有一个接地点。经控制室零相小母线(N600)连通的几组电压互感器二次回路，只应在控制室将N600一点接地，各电压互感器二次中性点在开关场的接地点应断开；为保证接地可靠，各电压互感器的中性线不得接有可能断开的熔断器(自动开关)或接触器等。独立的、与其他互感器二次回路没有直接电气联系的二次回路，可以在控制室也可以在开关场实现一点接地。

已在控制室一点接地的电压互感器二次绕组，如认为必要，可以在开关场将二次绕组中性点经氧化锌阀片接地，其击穿电压峰值应大于 $30I\text{max}$。其中 $I\text{max}$ 为电网接地故障时通过变电所地可能最大接地电流有效值，单位为kA。

②检测方法

可用兆欧表检验金属氧化物避雷器的工作状态是否正常。一般当用1 000 V兆欧表时，金属氧化物避雷器不应击穿。

(6) 断路器、操作箱及二次回路检查

①检测要求

利用操作箱对断路器进行下列传动试验

防止断路器跳跃回路试验。

断路器三相不一致回路试验。

断路器操作闭锁功能检查试验。

断路器操作油压或空气压力继电器、SF_6 密度继电器及弹簧压力等回路检查。检查压力低闭锁合闸、闭锁重合闸、闭锁跳闸等功能是否正确。

所有断路器信号检查，包括气体压力、液压、弹簧未储能、三相不一致、电机运转、就地操作电源消失等开关本体硬接点信号，要求声光信号正确，检查监控后台机遥信定义是否正确。

②注意事项

进行每一项试验时，试验人员须准备详细的试验方案，尽量减少断路器的操作次数。

对分相操作断路器，应逐相传动防止断路器跳跃回路。

断路器三相不一致回路传动时注意检查断路器机构箱内的三相不一致保护继电器的整定值是否符合要求。

(7) 保护校验

①母线纵联差动保护

检验要求：母线纵联差动保护的动作行为符合动作逻辑。

开入量检验：投母联差动保护压板 1LP1，投单母线运行压板 1LP2，投检修状态投入压板 1LP3。

将通道自环，通道自环定值为“1”，通入的电流取 0.95 倍定值的一半，模拟短路故障，分别当作差动保护的高值和低值定值。

保护装置处于与实际相符的状态（按照整定通知单要求方式，断路器模拟为合闸状态且通道正常）。

试验采用继电保护仪在出口短路模拟故障电流 I，故障时间为 28 ms。

观察保护动作情况，差动保护通道启动后的动作行为，应符合设计动作逻辑。

②注意事项

所有临时短接、断开线均需记入安全措施票，严防忘记恢复或拆除。

（8）失灵回路检查

①检测要求

分别模拟分相及三相故障，并且每一块压板都要进行投退检查，确保失灵起动回路接线正确。

②检测方法

在线路保护屏模拟线路 A、B、C 相故障，保护单相出口，通过投退线路保护屏上 A、B、C 失灵起动压板，查看母差保护屏对应的开入量变位情况，检查失灵起动回路接线是否正确。

模拟永跳出口，查看母差保护装置开入量变位情况，检查失灵起动回路接线是否正确

③注意事项

应注意做好安全措施，防止造成保护误动，试验涉及运行设备，不具备试验条件的，允许用导通法进行检查。

（9）整组传动试验

①检测要求

保护的动作行为符合动作逻辑。

②检测方法

检查屏上所有端子的接线牢固可靠。

投入本间隔保护所有功能压板；投入所有跳闸出口。

由继电保护测试仪模拟故障电流，观察保护动作行为；观察断路器动作行为；检查失灵起动回路正确性。

③注意事项

应注意做好安全措施，防止造成保护误动。

(10) 现场工作结束、清理工作现场

工作负责人应会同工作人员检查试验记录有无漏试项目，试验结论数据是否完整正确，经检查无误后方可拆试验接线。

按照继电保护安全措施票恢复TV电压回路。

检查临时接线是否全部拆除，拆下的线头是否全部接好，图纸是否与实际接线相符，标志是否正确完备。

工作结束，完全设备及回路应恢复到工作开始前状态，清理完现场后，工作负责人应向运行人详细进行现场交代，并将其记入继电保护工作记录本。

全体工作人员撤离工作地点，无遗留物件，经运行人员检查无误后，在工作票上填明工作终结时间，经双方签字后工作票方可结束。

工作票加盖“工作已完成”章后带回保存。

所有试验设备、工具、消耗材料、仪器仪表及图纸资料、记录清点带回。

(11) 作业后的验收与交接

现场工作结束后，工作负责人应检查试验记录有无漏试项目，核对装置的整定值是否与定值通知单相符，试验数据、试验结论是否完整正确。

盖好所有装置及辅助设备的盖子，对必要的元件采取防尘措施。

拆除在检验时使用的试验设备、仪表及一切连接线，清扫现场，所有被拆动的或临时接入的连接线应全部恢复正常。

所有信号装置应全部复归。

清除试验过程中微机装置及故障录波器产生的故障报告、告警记录等报告。

(12) 检验结论

填写继电保护工作记录，将主要检验项目和传动步骤、整组试验结果及结论、定值通知单执行情况详细记载于内，对变动部分及设备缺陷、运行注意事项应加以说明，并修改运行人员所保存的有关图纸资料。向运行负责人交代检验结果，并写明该装置是否可以投入运行。

3. 场地清理

工作结束后，清扫工作场地，检查确认无工具或其他异物遗落工作现场；确认所有设备已恢复在正常状态；与当值值长确认工作结束，并交代当前设备状况，结束工作票。

13.2 110 kV线路保护装置检修作业

110 kV线路保护装置检修作业是电气C类检修，检修周期为1年，适用于110 kV弄那线、弄洞Ⅰ线线路保护检修工作。

13.2.1 安全注意事项（以110 kV弄那线为例）

1. 工作风险分析

（1）对于人身安全，有以下几点风险：

开关传动造成人员受伤及设备事故；误碰带电部位；低压电源造成触电伤害；二次回路通电试验造成触电。

（2）对于设备安全，有以下几点风险：

误入间隔；误甩、接线；漏拆连跳接线或漏取压板，易造成误跳运行设备；检查回路不仔细，容易产生寄生回路，粗心大意，易造成误整定；试验时变动定值忘记恢复，造成误整定事故；运行中开关误跳闸；电流二次回路开路；电压回路反送电；现场安全技术措施及图纸如有错误，可能造成做安全技术措施时误跳运行设备；拆动二次接线如拆端子外侧接线，有可能造成二次交、直流电压回路短路和接地，连跳回路误跳运行设备；带电插拔插件，易造成集成块损坏；频繁插拔插件，易造成插件接插头松动。

2. 工作安全措施

（1）工作前，工作负责人应在工作现场向工作班成员交代工作内容、停电范围及注意事项，工作中要认真核对设备名称，做好相互监护和提醒；严格执行工作票制度，需要甩线时，实行二人检查制，一人解线一人监护，并逐项记录，恢复接线时要根据记录认真核对；工作前退出保护装置跳其他运行中开关压板，在工作中认真核对现场实际接线和图纸资料，严禁短接任何出口跳运行中开关的端子；严格按照两票三制，认真核对设备名称及编号。

（2）工作前设备状态：

①断开＃1机组出口断路器91CG03QF。

②将＃1机组出口断路器91CG03QF摇至“试验”位置。

③断开＃2机组出口断路器91CG08QF。

④将＃2机组出口断路器91CG08QF摇至“试验”位置。

⑤断开＃3机组出口断路器92CG14QF。

⑥将＃3机组出口断路器92CG14QF摇至“试验”位置。

⑦上位机断开＃1 主变高压侧断路器 151QF。

⑧上位机断开＃1 主变高压侧隔离开关 151－1QS。

⑨将＃1 主变低压侧隔离开关柜 91CG04QF 拉至“试验”位置。

⑩上位机断开＃2 主变高压侧断路器 152QF。

⑪上位机断开＃2 主变高压侧隔离开关 152－1QS。

⑫将＃2 主变低压侧隔离开关柜 92CG13QF 拉至“试验”位置。

⑬上位机断开 110 kV 弄那线出线断路器 153QF 。

⑭上位机断开 110 kV 弄那线母线侧隔离开关 153－1QS。

⑮上位机断开 110 kV 弄那线线路侧隔离开关 153－2QS。

⑯退出 110 kV 弄那线保护所有硬压板。

(3) 工作时

①使用绝缘工具，穿长袖工作服并将袖口扣好，必要时戴手套。

②开关传动试验前必须先通知相关检修人员，并征得一次工作负责人的同意，分合开关由运行人员操作。

③拆接电源时先用万用表测量是否带电，必要时戴绝缘手套，试验用电源板应有漏电保安器；电源线使用护套线。

④拆接试验线时，须将外加电流、电压降至零位，关闭试验装置电源后方可进行。

⑤试验线线夹必须带绝缘套，试验线不允许有裸露处，接头要用绝缘胶布包好，接线端子旋钮要拧紧。

⑥所甩开的线头用绝缘胶带包好。

⑦在电压回路加入电压前，必须先甩开电压回路中间连接片。

(4) 工作前后均应核对定值单；校验工作结束恢复安全措施后，用万用表测量回路的通断情况，确认良好；由质量验收小组对本工作的进度及检修质量按照有关要求进行检查、验收并签字确认。

3. 工作人员要求

(1) 身体健康、精神状态良好。

(2) 工作人员应为专业从事继电保护检修及检验人员，并且通过安规考试及技能资格审查，同时具备必要的电气知识，并经安规考试合格。

(3) 全体工作人员必须穿绝缘鞋，进入设备区必须戴安全帽。工作时不得穿短袖，带电工作时必须戴手套。

(4) 作业中互相关心施工安全及时纠正威胁安全的行为，知道作业地点、作业任务，知道临近带电部位。

(5) 每组必须至少两人一起工作,其中有一人应为有经验的人员且担任监护人。

13.2.2 工作准备

110 kV 线路保护装置检修作业工作准备见表 13-2。

表 13-2

序号	项目名称	项目清单
1	图纸	相应图纸、竣工资料、上一次试验报告、定值通知单
2	仪器	继保测试仪、万用表、钳型电流表、绝缘表 1 000 A/2 500 V
3	工具	组合工具 2 套、电源电缆盘 220 V/10 A、试验接线
4	防护工具	安全帽、防滑鞋子
5	材料	抹布

13.2.3 作业程序及作业标准

1. 作业流程图(图 13-2)

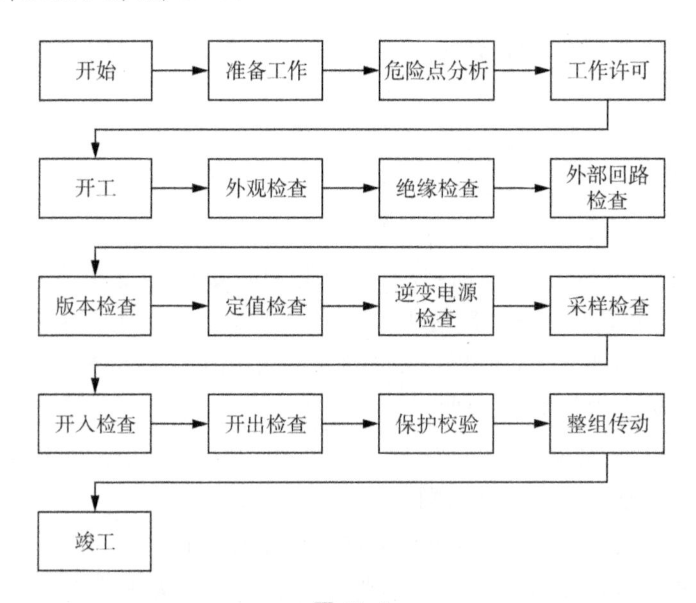

图 13-2

2. 作业程序及作业标准

(1) 外观检查

①保护屏体及屏内设备

屏、柜的正面及背面各电器、端子排、切换压板等应标明编号、名称、用途及操作位置，其标明的字迹应清晰、工整，确保不脱落、脱色。

保护通道及接口设备标识清晰、正确，并与有关图纸相符合。

装置面板键盘完整，操作灵活，液晶屏幕显示清楚，运行指示灯显示正常。

保护屏本身必须可靠接地。

保护装置的箱体，必须可靠接地。

②端子排

端子箱内应无严重灰尘、无放电痕迹。

端子箱内应无严重潮湿、进水现象。

检查端子箱的驱潮回路、照明是否完备。

端子箱的接地正确完好。

端子箱内各种标识应正确、清晰、齐全。

③二次回路接线

端子排上内部、外部连接线以及沿电缆敷设路线上的电缆标号正确、完整。

分（合）闸引出端子应与强电源适当隔开。

正负电源在端子排上的布置应适当隔开。

对外每个端子的每个端口只允许接一根线，不允许两根线压接在一起。

引入屏、柜的电缆应固定牢固，不得使所接的端子排受到机械应力。

电缆屏蔽层接地可靠。对于单屏蔽层的二次电缆，屏蔽层应两端接地，对于双屏蔽层的二次电缆，外屏蔽层两端接地，内屏蔽层宜在户内端一点接地。

所有电缆及芯线应无机械损伤，绝缘层及铠甲应完好无破损。

电缆固定应牢固可靠，接线端子排不受拉扯。电缆牌应整齐，装置背面接线与图纸相符，无断线。

所有室外电缆的电缆头，如电流互感器、电压互感器、断路器机构箱、端子箱等处的电缆头应置于接线盒或机构箱内，不能外露，以利于防雨、防油和防冻，所有室外电缆应预留有一定的裕度。

电缆的保护套管合适，电缆应挂标识牌，电缆孔封堵严密。

所有二次电缆及端子排二次接线的连接应可靠，芯线标识齐全、正确、清晰，芯线标识应用线号机打印，不能手写。芯线标识应包括回路编号及电缆编号。

④压板检查

闸压板在退出过程中必须和相邻跳闸连接片有足够的距离，以保证在操作跳闸压板时不会碰到相邻的压板。

检查并保证跳压板在投入后能可靠地接通回路，且不会接地。

穿过保护屏的跳闸压板导电杆必须有绝缘套，并距屏孔有明显距离。

⑤屏蔽接地检查

保护引入、引出电缆必须用屏蔽电缆。

屏蔽电缆的屏蔽层必须两端接地。

保护屏底部的下面应构造一个专用的接地铜网格，各保护屏的专用接地端子经一定截面铜线连接到此铜网格上。

(2) 通电初步检查

通电自检应无异常情况。

软件版本和程序校验码的核查，保护软件版本号及程序校验码的核对应和整定单及原记录一致。

时钟的检查，装置时间应正确无误。

打印机联机检查，数据打印正常。

(3) 绝缘检查

①检测要求

用1 000 V兆欧表测量，绝缘电阻应大于10 MΩ。

②检测方法

对直流控制回路，用1 000 V兆欧表测量回路对地的绝缘电阻，其阻值均应大于10 MΩ。

对电流、电压回路，将电流、电压回路的接地点拆开，分别用1 000 V兆欧表测量各回路对地的绝缘电阻，其绝缘电阻应大于10 MΩ。

③注意事项

摇测时应通知有关人员暂时停止在回路上的一切工作，断开被检验装置的交、直流电源。

对于长电缆回路对地摇测结束后需对地进行放电。

部分检验时，可只进行电流、电压回路对地绝缘检查。

(4) 电流互感器及二次回路检查

①检测要求

检查电流互感器二次绕组的用途、接地点位置。

电流互感器的二次回路有且只能有一个接地点。独立的、与其他互感器二次回路没有电联系的电流互感器二次回路，宜在开关场实现一点接地。由几组电流互感器组合的电流回路，如各种多断路器主接线的保护电流回路，其接地点宜选在控制室。

②检测方法

核查设备铭牌(组别)、图纸、试验报告等,并与实际接线进行核对。

电流回路一点接地检查可结合绝缘检查进行,断开电流互感器二次回路接地点,检查全回路对地绝缘。

③注意事项

保护用互感器绕组级别应符合有关要求。

保护用的电流互感器二次绕组排列应不存在保护死区。

(5) 电压互感器及二次回路检查

①检测要求

电压互感器的二次回路必须有且只能有一个接地点。经控制室零相小母线(N600)连通的几组电压互感器二次回路,只应在控制室将 N600 一点接地,各电压互感器二次中性点在开关场的接地点应断开;为保证接地可靠,各电压互感器的中性线不得接有可能断开的熔断器(自动开关)或接触器等。独立的、与其他互感器二次回路没有直接电气联系的二次回路,可以在控制室也可以在开关场实现一点接地。

已在控制室一点接地的电压互感器二次绕组,如认为必要,可以在开关场将二次绕组中性点经氧化锌阀片接地,其击穿电压峰值应大于 $30I\text{max}$。其中 $I\text{max}$ 为电网接地故障时通过变电所地可能最大接地电流有效值,单位为 kA。

②检测方法

可用兆欧表检验金属氧化物避雷器的工作状态是否正常。一般当用 1 000 V 兆欧表时,金属氧化物避雷器不应击穿。

(6) 断路器、操作箱及二次回路检查

①检测要求

利用操作箱对断路器进行下列传动试验:

防止断路器跳跃回路试验。

断路器三相不一致回路试验。

断路器操作闭锁功能检查试验。

断路器操作油压或空气压力继电器、SF_6 密度继电器及弹簧压力等回路检查。检查压力低闭锁合闸、闭锁重合闸、闭锁跳闸等功能是否正常。

所有断路器信号检查,包括气体压力、弹簧未储能、三相不一致、电机运转、就地操作电源消失等开关本体硬接点信号,要求声光信号正确,检查监控后台数据库定义是否正确。

②注意事项

进行每一项试验时，试验人员须准备详细的试验方案，尽量减少断路器的操作次数。

对分相操作断路器，应逐相传动防止断路器跳跃回路。

断路器三相不一致同路传动时注意检查断路器机构箱内的三相不一致保护继电器的整定值是否符合要求。

(7) 保护校验

①相间距离保护

检验要求：距离保护的任一延时段的动作行为符合设计动作逻辑。

检验方法：

投距离保护Ⅰ～Ⅲ段保护压板。

加故障电流 $I=5$ A，故障电压 $U=0.95\times I\times Zx$（Ⅰ～Ⅲ段定值），模拟相间方向瞬时故障。

加故障电流 $I=5$ A，故障电压 $U=0.95\times(1+K)\times I\times Zd$（Ⅰ～Ⅲ段定值），分别模拟单相接地正方向瞬时故障。

加故障电流 $I=5$ A，故障电压 0 V，分别模拟接地及相间反方向故障，保护不动作。

观察保护动作情况，距离保护的任一延时段的动作行为符合设计动作逻辑。

注意事项：测试仪输出故障动作状态的时间应大于距离保护延时段整定时间。

②零序保护

检验要求：零序保护末段的动作行为符合设计动作逻辑。

检验方法：

进行零序保护校验时需投入"零序Ⅰ段压板""零序其他段压板"，由测试仪输出故障态的时间应大于整定时间。

由测试仪加故障电流 $1\sim1.05I_{bd}$ 及 $0.9I_{ad}$（I_{ad} 为零序过流末段定值），故障电压 $U=30$ V，模拟 A 相接地故障；观察保护动作情况，打印检验报告存档。

注意事项：所有临时短接、断开线均需记入安全措施票，严防忘记恢复或拆除。

(8) 失灵回路检查

①检测要求

分别模拟分相及三相故障，并且每一块压板都要进行投退检查，确保失灵起动回路接线正确。

②检测方法

在线路保护屏模拟线路 A、B、C 相故障，保护单相出口，通过投退线路保护屏上 A、B、C 失灵起动压板，查看母差保护屏对应的开入量变位情况，检查失灵起动回路接线是否正确。

模拟永跳出口，查看母差保护装置开入量变位情况，检查失灵起动回路接线是否正确。

③注意事项

应注意做好安全措施，防止造成保护误动，试验涉及运行设备，不具备试验条件的，允许用导通法进行检查。

(9) 整组传动试验

①检测要求

保护的动作行为符合动作逻辑。

②检测方法

检查屏上所有端子的接线是否牢固可靠。

投入本间隔保护所有功能压板；投入所有跳闸出口。

合上弄那线出口断路器 153QF，由继电保护测试仪模拟故障电流，观察保护动作行为；观察断路器动作行为。

③注意事项：应注意做好安全措施，防止造成保护误动。

(10) 现场工作结束、清理工作现场

工作负责人应会同工作人员检查试验记录有无漏试项目，试验结论数据是否完整正确，经检查无误后方可拆试验接线。

按照继电保护安全措施票恢复 TV 电压回路。

检查临时接线是否全部拆除，拆下的线头是否全部接好，图纸是否与实际接线相否，标志是否正确完备。

工作结束，完全设备及回路应恢复到工作开始前状态，清理完现场后，工作负责人应向运行人详细进行现场交代，并将其记入继电保护工作记录本。

全体工作人员撤离工作地点，无遗留物件，经运行人员检查无误后，在工作票上填明工作终结时间，经双方签字后工作票方可结束。

工作票加盖“工作已完成”章后带回保存。

所有试验设备、工具、消耗材料、仪器仪表及图纸资料、记录清点带回。

（11）作业后的验收与交接

现场工作结束后，工作负责人应检查试验记录有无漏试项目，核对装置的整定值是否与定值通知单相符，试验数据、试验结论是否完整正确。

盖好所有装置及辅助设备的盖子，对必要的元件采取防尘措施。

拆除在检验时使用的试验设备、仪表及一切连接线，清扫现场，所有被拆动的或临时接入的连接线应全部恢复正常。

所有信号装置应全部复归。

清除试验过程中微机装置及故障录波器产生的故障报告、告警记录等报告。

（12）检验结论

填写继电保护工作记录表，将主要检验项目和传动步骤、整组试验结果及结论、定值通知单执行情况详细记载于内，对变动部分及设备缺陷、运行注意事项应加以说明，并修改运行人员所保存的有关图纸资料。向运行负责人交代检验结果，并写明该装置是否可以投入运行。接地距离试验项目动作情况统计表见表 13-3、零序过流保护检验项目情况统计表见表 13-4。

表 13-3

接地距离试验项目动作情况统计表				
	实验内容	动作情况	实验内容	动作情况
	ABC-E	A	B	C
Ⅰ段	0.95ZzdP1 下动作情况			
	1.05ZzdP1 下动作情况			
	0.7ZzdP1 下动作时间(ms)			
Ⅱ段	0.95 ZzdP2 下动作情况			
	1.05 ZzdP2 下动作情况			
	0.7 ZzdP2 下动作时间(ms)			
Ⅲ段	0.95 ZzdP3 下动作情况			
	1.05 ZzdP3 下动作情况			
	0.7 ZzdP3 下动作时间(ms)			

表 13-4

零序过流保护检验项目动作情况统计表				
	实验内容	动作情况	实验内容	动作情况
	ABC-E	A	B	C

续表

Ⅰ段	1.05 IO1下动作情况			
	0.95 IO1下动作情况			
	1.2 IO1下动作时间(ms)			
Ⅱ段	1.05 IO2下动作情况			
	0.95 IO2下动作情况			
	1.2 IO2下动作时间(ms)			
Ⅲ段	1.05 IO3下动作情况			
	0.95 IO3下动作情况			
	1.2 IO3下动作时间(ms)			
Ⅳ段	1.05 IO4下动作情况			
	0.95 IO4下动作情况			
	1.2 IO4下动作时间(ms)			

3. 场地清理

工作结束后,清扫工作场地,检查确认无工具或其他异物遗落工作现场;确认所有设备已恢复在正常状态;与当值值长确认工作结束,并交代当前设备状况,结束工作票。

13.3 110 kV断路器检修作业

110 kV断路器检修作业是电气C类检修,检修周期为1年,适用范围为110 kV断路器检修作业。

13.3.1 安全注意事项

1. 工作风险分析

对于人身安全和设备安全,有以下几点风险:

误入间隔;断路器操作机构有压力;作业空间狭小;柜内遗落物品。

2. 工作安全措施

(1) 工作前,认真核对间隔及设备编号;检查确认断路器操作机构活动部分是否有压力。

(2) 工作前设备状态:

①110 kV断路器在断开位置,断路器两侧隔离开关在拉开位置。

②断开断路器控制电源,储能电机动力电源。

③断开隔离开关控制电源，隔离开关动力电源。

④在断路器控制柜上悬挂“禁止合闸，有人工作”标示牌。

（3）工作时，必须正确戴好安全帽；工作前后清点工具。

（4）工作后，由质量验收小组对本工作的进度及检修质量按照有关要求进行检查、验收并签字确认。

13.3.2 工作准备

110 kV断路器检修作业工作准备见表13-5。

表13-5

序号	项目名称	项目清单
1	工具	手电筒、吸尘器、套筒扳手
2	防护工具	安全帽、防滑鞋子
3	材料	抹布、无水酒精
4	人力	专责1人、辅助工人2人
5	工期	约1天

13.3.3 检修工艺流程

（1）清扫表面的积尘和污垢，必要时可使用无水酒精擦拭。

（2）断路器本体及机构检查。检查断路器操作次数、开断电流情况和运行年限，对断路器进行相关检查维护工作，检查机构做标记位置是否有变化。

（3）机构箱内辅助开关检查。辅助开关必须安装牢固、转动灵活、切换可靠、接触良好。

（4）断路器设备的各连接拐臂、连扳、轴、销检查。无弯曲、变形或断裂情况。

（5）分、合闸铁芯检查。分、合闸铁芯应在任意位置动作均灵活，无卡塞现象，以防拒分和拒合。

（6）弹簧操作机构的检查。分合闸滚子转动时应无卡涩和偏心现象，扣接时扣入深度应符合厂家技术条件要求。分合闸滚子与掣子接触面表面应平整光滑，无裂痕、锈蚀及凹凸现象。

（7）工作结束后，清扫工作场地，检查确认无工具或其他异物遗落工作现场；确认所有设备已恢复在正常状态；与当值值长确认工作结束，并交代当前设备状况，结束工作票。

13.4 主变保护柜检修作业

主变保护柜检修作业是电气C类检修，检修周期为1年，适用范围为＃1、＃2主变保护柜检修作业。

13.4.1 安全注意事项

1. 工作风险分析

对于人身安全和设备安全，有以下几点风险：

误入间隔；误甩、接线；开关传动造成人员受伤及设备事故；误碰带电部位；试验时变动定值忘记恢复，造成误整定事故；低压电源造成触电伤害；二次回路通电试验造成触电；运行中开关误跳闸；电流二次回路开路；电压回路反送电。

2. 工作安全措施(以＃1主变为例)

(1) 工作前，工作负责人应向工作班成员交代工作内容、停电范围及注意事项；严格执行工作票制度，需要甩线时，实行二人检查制，一人解线一人监护，并逐项记录，恢复接线时要根据记录认真核对；退出保护装置跳其他运行中开关压板；在工作中认真核对现场实际接线和图纸资料，严禁短接任何出口跳运行中开关的端子。

(2) 工作前设备状态：

①＃1机组在“停机”态。

②断开＃1机组出口断路器91CG03QF。

③＃2机组在“停机”态。

④断开＃2机组出口断路器91CG08QF。

⑤断开＃1主变高压侧断路器151QF。

⑥退出＃1主变保护所有保护硬压板。

⑦退出＃1主变保护所有功能压板。

(3) 工作时

①要认真核对设备名称，做好相互监护和提醒。

②开关传动试验前必须先通知相关检修人员，并征得一次工作负责人的同意，分合开关由运行人员操作。

③使用绝缘工具，穿长袖工作服并将袖口扣好，必要时戴手套。

④所甩开的线头用绝缘胶带包好，电源线使用护套线。

⑤拆接电源时先用万用表测量是否带电，必要时戴手套，试验用电源板应有漏电保护器。

⑥拆接试验线时，必须把外加电流、电压降至零位，关闭试验装置电源后方可进行。

⑦试验线线夹必须带绝缘套，试验线不允许有裸露处，接头要用绝缘胶布包好，接线端子旋钮要拧紧。

⑧在电压回路加入电压前，必须先甩开电压回路中间连接片。

（4）校验工作结束恢复安全措施后，用万用表测量回路的通断情况，确认良好；由质量验收小组对本工作的进度及检修质量按照有关要求进行检查、验收并签字确认。

13.4.2 工作准备

主变保护柜检修作业工作准备见表13-6。

表13-6

序号	项目名称	项目清单
1	图纸	原理接线图、二次回路安装图、技术说明书、保护定值单
2	仪器	保护校验仪1台、绝缘表1台、万用表1台
3	工具	螺丝刀1套、毛刷2把、试验线1包、滚筒电源盘1个
4	防护工具	安全帽、防滑鞋子
5	材料	抹布、无水酒精
6	人力	专责1名和辅责1名
7	工期	约2天

13.4.3 工作内容及方法

1. 工作内容

试验过程中误接线，在工作中严格执行二次设备及回路工作安全技术措施票。

（1）作业条件检查

①检查作业的安全措施是否完善，二次间隔措施是否符合作业安全要求。

②检查屏柜及二次电缆是否符合试验要求。

③试验人员熟悉相关资料和技术要求。

④试验仪器符合要求。

(2) 通电前检查

①核对保护屏配置的连片、压板、端子号、回路标注等,必须符合图纸要求。

②核对保护装置的硬点配置、标注及接线等,必须符合图纸要求。

③保护装置各插件上的焊接质量应良好,所有插件应插紧,型号正确。

④检查保护装置的背板接线有无断线、短路和焊接不良等现象,并检查背板上抗干扰元件的焊接、连线和元器件外观是否良好。

⑤检查保护装置电源电压是否与实际接入电压相符。

⑥检查保护装置所配模块与实际配置的PT、CT是否相符。

⑦保护屏接地是否符合要求;检查回路接线是否正确。

(3) 通电检查

①检查保护装置版本信息经厂家确认满足设计要求。

②检查装置各按键操作是否正常。

③时钟的整定与核对检查:调整时间,装置正常,将保护装置设置为当前时间,使装置电5 min以上,然后恢复电源,时钟走时应准确,保护装置时钟每24 h走时误差小于10 s;GPS对时已完善,核对各装置时间显示一致,并与后台计算机显示相符。

④装置自检正确,无异常报警信号。

⑤对保护装置保护、信号、控制回路上电应分别进行,检查各个回路之间是否完全独立,不存在串电现象。

⑥打印机与保护装置的联机试验:进行本项试验之前,打印机应进行通电自检将打印机与微机保护装置的通信电缆连接好,将打印机的打印纸装上,并合上打印机电源。将打印切换开关切换须打印的装置,进入主菜单选择打印定值波形、报告和开入量变位信息。表明打印机与微机保护装置联机成功。

(4) 绝缘检查

①分组回路绝缘检查:将装置CP件拔出,在屏柜端子排处分别短接交流电压回路,交流电流回路、操作回路、信号回路端子;用1 000 V兆欧表轮流测以上整组短接端子间及各组对地绝缘,其阻值应大于10 MΩ。

②整组回路绝缘检查:将各分组回路短接,用1 000 V兆欧表测量整组回路对地绝缘,其阻值应大于1 MΩ。

(5) 保护装置校验

①零飘检查:进行零飘检查时,对应电压端子短接、电流回路断开,防止感应引起误差,装置上电10 min以后零飘值要求在一段时间(几分钟)内保持

在规定范围内：电流回路零飘在0.05和0.05 A范围内(额定值为5 A)，电压回路在0.05 A以内(额定电压57.8 V)。

②通道采样及线性度检查：在各模拟量通道分别加入20%、50%、100%的额定值，装置采样应正确，同时加入三相对称电流、三相对称电压，查看装置采样，检查电流、电压相角正常。

③时钟的整定与核对检查：调整时间，装置正常，GPS对时已完善，核对各装置时间显示一致，并与后台计算机显示相符。

④开入量检查：短接开入量输入正电源和各开入量输入端子，对照图纸和说明书，核对开入量名称，装置显示屏显示各开入量名称与实际一致。

⑤功能压板投退检查：分别投入和退出各功能压板时，检查保屏对应显示相应压板投退信号正确。

⑥变压器差动保护装置试验(以#1主变为例)：

a. 投入主变差动保护硬压板，投入主变差动保护软压板1LP1。

b. 整定值：最小动作电流整定值：$Id=$____；制动电流：$Iz=$____；斜率整定值：$K=$____；差动速断整定值：$Id=$____；差流越限电流$Id=$____，差流越限延时____s。

⑦高压侧相间后备保护：

a. 投入高压侧复压过流保护1LP2软压板，投入高压侧相间后备保护硬压板1LP2。

b. 整定值：整定电流定值____A；延时定值$T1$：____s；$T2$：______s。

c. 整定跳闸及信号定值。

⑧高压侧零序过流保护：

a. 投入高压侧零序过流保护1LP4压板，投入高压侧零序过流保护硬压板2LP4。

b. 零序电流定值I：____A，$T1$：____s，$T2$：____s。

c. 整定跳闸及信号定值。

⑨开关量输入回路检验结果(正确的打“√”，否则打“×”)(表13-7)。

表13-7

序号	检验内容	检验结果
1	主变差动	
2	主变高压侧相间后备	
3	主变高压侧零序过流	

（6）传动断路器试验

①投入＃1主变保护柜差动保护硬压板、跳发电机出口断路器第一跳闸线圈、跳主变高压侧断路器第一跳闸线圈；对＃1主变高压侧差动CT外加0.20 A电流，主变保护能够可靠动作。

②投入＃1主变保护柜差动保护硬压板（1LP1）、跳发电机出口断路器第二跳闸线圈、跳主变高压侧断路器第二跳闸线圈；给＃1主变高压侧差动CT外加0.20 A电流，主变保护能够可靠动作。

2. 场地清理

工作结束后，清扫工作场地，检查确认无工具或其他异物遗落工作现场；确认所有设备已恢复在正常状态；与当值值长确认工作结束，并交代当前设备状况，结束工作票。

13.5　发电机保护柜检修作业

发电机保护柜检修作业是电气C类检修，检修周期为1年，适用范围为发电机保护柜检修作业。

13.5.1　安全注意事项

1. 工作风险分析

（1）对于人身安全，有以下几点风险：

误入间隔；误甩、接线；误碰带电部位。

（2）对于设备安全，有以下几点风险：

试验时变动定值忘记恢复，造成误整定事故；低压电源造成触电伤害；二次回路通电试验造成设备损坏；运行中开关误跳闸；电流二次回路开路；电压回路反送电；开关传动造成人员受伤及设备事故。

2. 应对安全措施（以＃1机组为例）

（1）工作前，工作负责人应在工作现场向工作班成员交代工作内容、停电范围及注意事项，工作中要认真核对设备名称，做好相互监护和提醒；严格执行工作票制度，需要甩线时，实行二人检查制，一人解线一人监护，并逐项记录，恢复接线时要根据记录认真核对；工作前退出保护装置跳其他运行中开关压板，在工作中认真核对现场实际接线和图纸资料，严禁短接任何出口跳运行中开关的端子。

(2) 工作前设备状态:

①♯1 机组在"停机"态。

②断开♯1 机组出口断路器 91CG03QF。

③将♯1 机组出口断路器 91CG03QF 摇至"试验"位置。

④退出♯1 发电机保护 A、B 柜所有硬压板。

(3) 工作时

①使用绝缘工具,穿长袖工作服并将袖口扣好,必要时戴手套。

②拆接电源时先用万用表测量是否带电,必要时戴手套,试验用电源板应有漏电保护器。电源线使用护套线。

③拆接试验线时,必须把外加电流、电压降至零位,关闭试验装置电源后方可进行。试验线线夹必须带绝缘套,试验线不允许有裸露处,接头要用绝缘胶布包好,接线端子旋钮要拧紧

④校验工作结束恢复安全措施后,用万用表测量回路的通断良好。

⑤在电压回路加入电压前,必须先甩开电压回路中间连接片。

⑥开关传动试验前必须先通知相关检修人员,并征得一次工作负责人的同意,分合开关由运行人员操作。

(4) 工作后,由质量验收小组对本工作的进度及检修质量按照有关要求进行检查、验收并签字确认。

13.5.2 工作准备

发电机保护柜检修作业工作准备见表 13-8。

表 13-8

序号	项目名称	项目清单
1	图纸	保护装置的原理接线图、二次回路安装图、技术说明书、保护定值单
2	仪器	保护校验仪 1 台、绝缘表 1 台、万用表 1 台
3	工具	螺丝刀 1 套、毛刷 1 把、试验线 1 包、滚筒电源盘 1 个
4	防护工具	安全帽、防滑鞋子
5	材料	抹布、无水酒精
6	人力	专责 1 名、辅责 1 名
7	工期	约 2 天

13.5.3　工作内容及方法

1. 工作内容

试验过程中易误接线，在工作中严格执行二次作业安全措施。

(1) 作业条件检查

①检查作业的安全措施是否完善，二次间隔措施是否符合作业安全要求。

②检查屏柜及二次电缆是否符合试验要求。

③试验人员熟悉相关资料和技术要求。

④试验仪器符合要求。

(2) 通电前检查

①核对保护屏配置的连片、压板、端子号、回路标注等，必须符合图纸要求。

②核对保护装置的硬点配置、标注及接线等，必须符合图纸要求。

③保护装置各插件上的焊接质量应良好，所有插件应插紧，型号正确。

④检查保护装置的背板接线有无断线、短路和焊接不良等现象，并检查背板上抗干扰元件的焊接、连线和元器件外观是否良好。

⑤检查保护装置电源电压是否与实际接入电压相符。

⑥检查保护装置所配模块与实际配置的 PT、CT 是否相符。

⑦检查保护屏接地是否符合要求。

⑧检查回路接线是否正确。

(3) 通电检查

①检查保护装置版本信息经厂家确认满足设计要求。

②按键检查：检查装置各按键，操作是否正常。

③时钟的整定与核对检查：调整时间，装置正常，将保护装置设置为当前时间，使装置电 5 min 以上，然后恢复电源，时钟走时应准确，保护装置时钟每 24 h 走时误差小于 10 s：GPS 对时已完善，核对各装置时间显示一致，并与后台计算机显示相符。

④装置自检正确，无异常报警信号。

⑤对保护装置保护、信号、控制回路上电应分别进行，检查各个回路之间是否完全独立，确保不存在串电现象。

⑥打印机与保护装置的联机试验：进行本项试验之前，打印机应进行通电自检将打印机与微机保护装置的通信电缆连接好，将打印机的打印纸装上，并合上打印机电源。将打印切换开关切换须打印的装置，进入主菜单选择打印定值波形、报告和开入量变位信息。表明打印机与微机保护装置联机成功。

(4) 绝缘检查

①分组回路绝缘检查:将装置CP件拔出,在屏柜端子排处分别短接交流电压回路,交流电流回路、操作回路、信号回路端子;用1 000 V兆欧表轮流测以上整组短接端子间及各组对地绝缘。其阻值应大于10 MΩ。

②整组回路绝缘检查:将各分组回路短接,用1 000 V兆欧表测量整组回路对地绝缘,其阻值应大于1 MΩ。

(5) 保护装置校验

①零飘检查:进行零飘检查时,应对电压端子短接,电流回路断开防止感应引起误差,应在装置上电10 min以后,零飘值要求在一段时间(几分钟)内保持在规定范围内:电流回路零飘在0.05 A范围内(额定值为5 A),电压回路在0.05 A以内(额定电压57.8 V)。

②通道采样及线性度检查:在各模拟量通道分别加入20%、50%、100%的额定值,装置采样应正确,同时加入三相对称电流、三相对称电压,查看装置采样,检查电流、电压相角正常。

③时钟的整定与核对检查:调整时间,装置正常,GPS对时已完善,核对各装置时间显示一致,并与后台计算机显示相符。

④开入量检查:短接开入量输入正电源和各开入量输入端子,对照图纸和说明书,核对开入量名称,装置显示屏显示各开入量名称与实际一致。

⑤功能压板投退检查:分别投入和退出各功能压板时,检查保屏对应显示相应压板投退信号正确。

⑥发电机纵差保护:

a. 检查定值:检查发电机差动保护硬压板1LP1,确认发电机差动软压板1LP2在投入状态。

b. 最小动作电流整定值:$Id=$____;制动电流:$Iz=$____;斜率整定值:$K=$____;分支系数整定值:$Kfz=$____。

c. 检查发电机差动信号矩阵定值,检查发电机差动跳闸矩阵定值。

d. 试验内容及项目:最小动作电流(表13-9)。

表 13-9

	$I01$	$I02$
I_{dz}		
Iz		
T		

⑦发电机横差保护：

a. 检查定值：检查横差保护 2LP2 软压板，确认横差保护硬压板在投入状态。

b. 最小动作电流定值____A；最小制动电流定值____A；制动斜率 K____。

c. 检查跳闸及信号定值。

d. 试验内容及项目：最小动作电流（表 13-10）。

表 13-10

	$I01$	$I02$
I_{dz}		
T		

⑧低励失磁保护：

a. 检查失磁保护定值：检查失磁保护 2LP5 软压板，投入失磁保护硬压板在投入状态。

b. 失磁静稳阻抗定值 Z_1：____ Ω；失磁静稳阻抗定值 Z_2：____ Ω；低励磁斜率 $ULP=$____；凸极功率 $P_t=$______ W；机端低电压定值____ V；延时 t_0______s；失磁一段延时 t_1____s；失磁二段延时 t_2______s；失磁三段延时 t_3____s。

c. 检查跳闸及信号定值。

⑨负序过流保护：

a. 检查负序过负荷护定值：检查负序过流保护 1LP3 软压板，确认负序过流保护硬压板在投入状态。

b. 电流定值 I：____ A；延时定值 $T1$：____s；$T2$：____s。

c. 检查跳闸矩阵及信号矩阵定值。

d. 试验内容及项目（表 13-11）。

表 13-11

I_2		
T_1		
T_2		

⑩定子过负荷保护：

a. 检查定子对称过负荷保护定值：检查定子对称过负荷保护 1LP9 软压

板，确认定子对称过负荷保护硬压板在投入状态。

b. 电流定值 I：____ A；延时定值 $T0$：____ s。

c. 检查跳闸矩阵及信号矩阵定值。

d. 试验内容及项目（表 13-12）。

表 13-12

	I_a	I_b	I_c
I			
T			

⑪试验注意事项：

a. 输出接点和信号检查应首先检查保护屏端子排上的输出，然后再检查各输出接点到各回路的实际输出情况。

b. 对于中央信号接点，应检查监控系统相应的光字牌是否正确。

c. 跳闸出口接点的检查，可以结合整组试验时进行。

⑫信号输出接点检查（表 13-3）。

表 13-13

序号	名称	端子号	检查结果
1	发电机纵差保护		
2	发电机横差保护		
3	转子一点接地保护		
4	低励失磁保护		
5	定子过负荷保护		

⑬跳闸矩阵检查（表 13-14）。

表 13-14

序号	名称	检查结果
1	发电机纵差保护	
2	发电机横差保护	
3	转子一点接地保护	
4	低励失磁保护	
5	定子过负荷保护	

⑭跳闸出口接点检查（表 13-15）。

表 13-15

序号	名称	端子号	检查结果
1	跳发电机断路器第一跳闸线圈		
2	跳发电机断路器第二跳闸线圈		
3	跳灭磁开关第一跳闸线圈		
4	跳灭磁开关第二跳闸线圈		

(6) 传动断路器试验检查结果(正确的打“√”,否则打“×”)(表 13-16)。

①将保护定值、出口矩阵、软压板恢复运行状态。

②投入发电机不完全差动保护硬压板及相关出口硬压板。

③模拟发电机保护故障,检查差动保护跳闸回路的正确性。

表 13-16

序号	名称	检查结果
1	跳发电机断路器第一跳闸回路	
2	跳发电机断路器第二跳闸回路	
3	跳灭磁开关第一跳闸回路	
4	跳灭磁开关第二跳闸回路	

2. 场地清理

工作结束后,清扫工作场地,检查确认无工具或其他异物遗落工作现场;确认所有设备已恢复在正常状态;与当值值长确认工作结束,并交代当前设备状况,结束工作票。

第 14 章 •
计算机监控系统作业指导书

14.1 计算机监控系统上位机数据库备份作业

计算机监控系统上位机数据库备份作业是自动化 D 类检修，检修周期为 3 个月，适用于计算机监控系统上位机历史数据备份作业。

14.1.1 安全注意事项

1. 工作风险分析

对于人身安全和设备安全，有以下几点风险：

长时间连续精神高度集中，有疲劳风险；人员精神状态不佳；产生工业垃圾，污染环境。

2. 工作安全措施

(1) 严禁工作前饮酒，休息充足，状态良好。

(2) 工作过程中不应进行其他不相关的工作，尽量减少其他人员对工作的干扰；中途适当休息。

(3) 工作后，产生的垃圾按要求正确回收，正确处置；由质量验收小组对本工作的进度及检修质量按照有关要求进行检查、验收并签字确认。

14.1.2　工作准备

计算机监控系统上位机数据库备份作业工作准备见表 14-1。

表 14-1

序号	项目名称	项目清单
1	仪器	计算机监控系统调试笔记本 1 台、专用的移动硬盘 1 个(容量 1 000 G)、DVD 刻录机 1 台
2	工具	双绞线 1 根、油性记号笔 1 支
3	材料	DVD 刻录光盘若干张
4	人力	计算机监控技术员 2 名
5	工期	约 1 天

14.1.3　工作内容及方法

风险分解:工作过程若受到其他工作的或人员干扰时,有可能会误修改数据库参数,应保证拒接不相关的工作或电话。

(1) 在对计算机监控系统历史数据库数据定期删除之前,应先将历史数据库进行备份。

(2) 计算机监控系统历史数据库的数据备份应该在备用主机上进行,在完成一台主机的数据备份后,切换主机,再进行另外一台主机的数据备份。

(3) 两台主机数据备份的步骤相同。以下以工程师站 1 主用,工程师站 2 从用为例,具体步骤如下:

①在▽320.00m 高程中控室工程师站主机上使用软件 SSH Secure Shell Clinet 远程登录 main1,main2 检查远程连接是否正常;数据库连接是否正常;如果不正常,重启 main1 或 main2 的 NC2000 系统。

②检查上位机主机与 GPS 对时情况。

③检查网络交换机工作状态,通过 cmd PING 双网络 IP。

④UPS1 工作状态,UPS2 工作状态。

⑤在中控室检查上位机打印机打印报表是否正常。

⑥在中控室上位机 main1、main2 主机上检查各监视画面显示是否正确:如果出现画面链接错误,则根据现场情况做出处理意见。

⑦检查工程师站语音报警系统工作正常。

(4) 工作结束后,清扫工作场地,检查确认无工具或其他异物遗落工作现场;确认所有设备已恢复在正常状态;与当值值长确认工作结束,并交代当前设备状况，结束工作票。

14.2 机组自动准同期装置维护作业

机组自动准同期装置维护作业是电气C类检修，检修周期为1年，适用于机组自动准同期装置维护作业。

14.2.1 安全注意事项

1. 工作风险分析

对于人身安全和设备安全，有以下几点风险：

长时间连续精神高度集中，有疲劳风险；人员精神状态不佳。

2. 工作安全措施

(1) 严禁工作前饮酒，休息充足，状态良好。

(2) 工作过程中不应进行其他不相关的工作，尽量减少其他人员对工作的干扰；中途适当休息。

(3) 工作后，由质量验收小组对本工作的进度及检修质量按照有关要求进行检查、验收并签字确认。

14.2.2 工作准备

机组自动准同期装置维护作业工作准备见表14-2。

表 14-2

序号	项目名称	项目清单
1	人力	计算机监控技术员2名
2	工期	约1 h

14.2.3 工作内容及方法

1. 前期工作

(1) 办理工作票。

(2) 检查人员状态和工器具是否符合安全要求。

(3) 对工作人员进行现场危险点交代。

(4) 确认图纸资料、定值单正确，查阅检修记录、缺陷记录，了解工作任务。

(5) 防止走错位置、间隔,引起机组误跳闸。

(6) 保持安全距离,不触碰裸露带电体,防止人身触电。

(7) 工作人员必须按规定戴好安全帽。

(8) 保护定值校验时,试验所加交流电压有可能返至 TV 一次,造成人员伤害。断开电压端子排的连接片。若没有连接片,则需要拆开盘外电压的电缆,并用绝缘胶布包好。

(9) 回路绝缘测试时,可能会损坏卡件,断开与卡件的端子排连接,选择合适电压等级的摇表。

(10) 防止检修现场污染。

2. 同期装置及二次回路清扫检查

(1) 利用毛巾、毛刷和吸尘器等工具对同期装置、端子排及二次线路进行清扫,同期装置干净整洁。

(2) 确认同期装置安装牢固,外观完整,无撞击痕迹,无放电痕迹。

(3) 用手轻拉二次线头,检查确认二次接线端子紧固无松动。如发现有松动或接触不良的,用螺丝刀重新接线并拧紧,保证接触良好。

3. 同期装置二次回路绝缘检查

过程略。

4. 静态检查

采样检查,将继电保护测试仪的两路交流电压输出分别接至同期装置接入系统侧 PT 电压端子 $U_{s(和)}$、$U_{s(-)}$ 和机组侧 PT 电压端子 $U_{g(和)}$、$U_{g(-)}$。调试继电保护仪输出 100 V、50 Hz 的交流电压,观察并记录同期装置面板显示读数(表 14-3)。

表 14-3

项目	电压(100 V)		频率(50 Hz)	
	电压值	误差	频率值	误差
U_s(系统)				
U_g(机组)				

5. 频差动作检查

(1) 调节继电保护仪输入 U_s=100 V、50Hz。改变 U_g 的频率 F_s,检查同期装置频差动作情况(允许频差限值±0.25 Hz,要求误差不超过±10%)。

(2) 当 F_g<49.25 Hz 时,同期装置“增速”指示灯亮,合闸令未发出,监控系统增速继电器动作。

(3) 当 F_g>50.25 Hz 时，同期装置“减速”指示灯亮，合闸令未发出，监控系统减速继电器动作。

(4) 检查发电机频率低限实际动作值和频率高限实际动作值，记录在表 14-4 中。

表 14-4

系统频率输入值	发电机频率低限给定值	发电机频率低限实际动作值	发电机频率高限给定值	发电机频率高限实际动作值
F_s=50 Hz	F_g=49.25 Hz	F_g=Hz	F_g=50.25 Hz	F_g=Hz

6. 压差动作检查

(1) 调节继电保护仪输入 U_s=100 V、50 Hz。改变 U_g 的电压 V_s，检查同期装置压差动作情况(允许压差限值±3% V，要求误差不超过±2.5%)。

(2) 当 V_g< 97 V 时，同期装置“增压”指示灯亮，合闸令未发出，监控系统增压继电器动作。

(3) 当 V_g> 103 V 时，同期装置“减压”指示灯亮，合闸令未发出，监控系统减压继电器动作。

(4) 检查发电机电压低限实际动作值和电压高限实际动作值，记录在表 14-5 中。

表 14-5

系统电压输入值	发电机电压低限给定值	发电机电压低限实际动作值	发电机电压高限给定值	发电机电压高限实际动作值
V_s= 100 V	V_g= 97 V	V_g=V	V_g= 103 V	V_g=V

7. 动态(假同期)试验

(1) 准备工作：将机组出口断路器摇至“试验”位置。

(2) 接线：将同期的系统侧和机组侧电压并接至录波设备、同时将合闸继电器空接点和合闸反馈空接点接入录波设备，如图 14-1 所示。

(3) 上位机启动机组空载，通过录波设备和便携机观察录波正常。

(4) 上位机操作将机组由空载转发电，观察机组启动同期同时启动录波。

(5) 观察波形，检查机组同期并网正常，记录相关参数。

(6) 拆除相关设备连接，检查确认设备恢复正常。假同期试验结束。

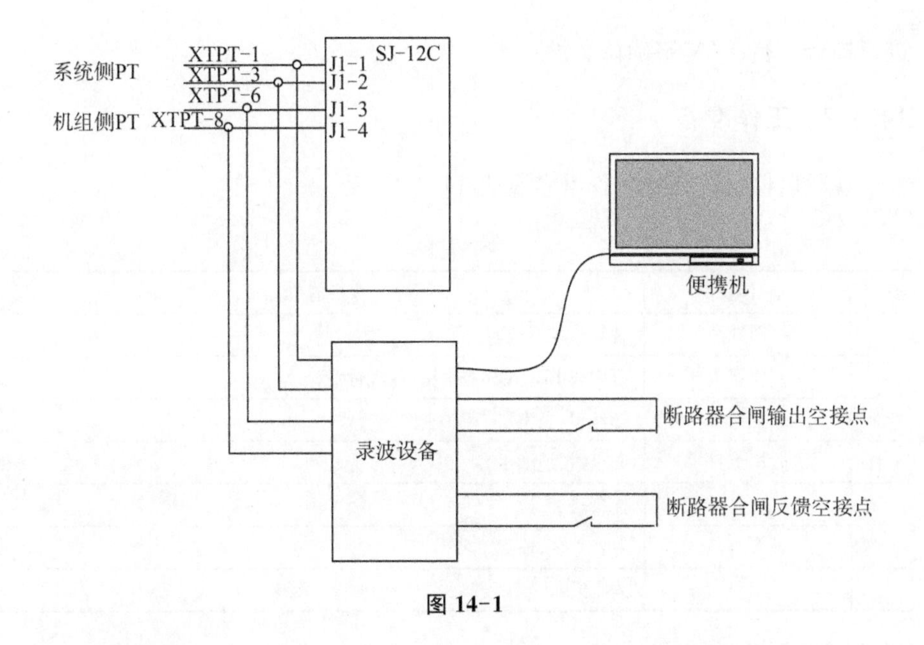

图 14-1

8. 场地清理

工作结束后，清扫工作场地，检查确认无工具或其他异物遗落工作现场；确认所有设备已恢复在正常状态；与当值值长确认工作结束，并交代当前设备状况，结束工作票。

14.3　视频监控系统检查

视频监控系统检查是电气 C 类检修，检修周期为 1 年，适用于视频监控系统检查作业。

14.3.1　安全注意事项

1. 工作风险分析

对于人身安全和设备安全，有以下几点风险：

存在静电；室温过高影响设备运行。

2. 工作安全措施

(1) 先对设备外壳进行放电。

(2) 开启制冷设备降低室内温度。

(3) 工作过程中不要碰摸旋转部分和自动化元器件

(4) 工作后，由质量验收小组对本工作的进度及检修质量按照有关要求进行检查、验收并签字确认。

14.3.2 工作准备

视频监控系统检查工作准备见表14-6。

表14-6

序号	项目名称	项目清单
1	图纸	视频监控系统图
2	仪器	万用表FLUKE87、手持视频监控仪
3	工具	螺丝刀、吸尘器
4	防护工具	安全帽、绝缘手套
5	材料	抹布
6	人力	专责1名、辅责1名
7	工期	约1天

14.3.3 工作内容及方法

(1) 检查视频监控系统的供电电源是否正常,端子是否紧固。

(2) 检查视频监控系统交换机工作是否正常,网线是否连接正常。

(3) 检查视频监控系统光纤收发器工作是否正常,指示灯是否闪烁正常;光纤接头是否损坏,连接是否正常。

(4) 检查视频监控系统NVR设备工作是否工作正常,指示灯是否闪烁正常。

(5) 检查视频监控系统DVR设备工作是否工作正常,指示灯是否闪烁正常。

(6) 检查视频监控系统解码器工作是否工作正常,指示灯是否闪烁正常。

(7) 检查4台监控显示屏是否工作正常,是否存在黑屏。

(8) 检查视频监控系统上位机工作是否正常,与交换机连接是否正常,是否可正常控制各摄像头点。

(9) 检查视频监控各个摄像头工作是否正常,传输是否存在不稳定。

(10) 工作结束后,清扫工作现场,检查确认无工具或其他异物遗落在工作现场;确认所有设备已恢复在正常状态;与当值ON-CALL值长确认工作结束,并交代当前设备状况。

附图 ●

那比水电站系统图

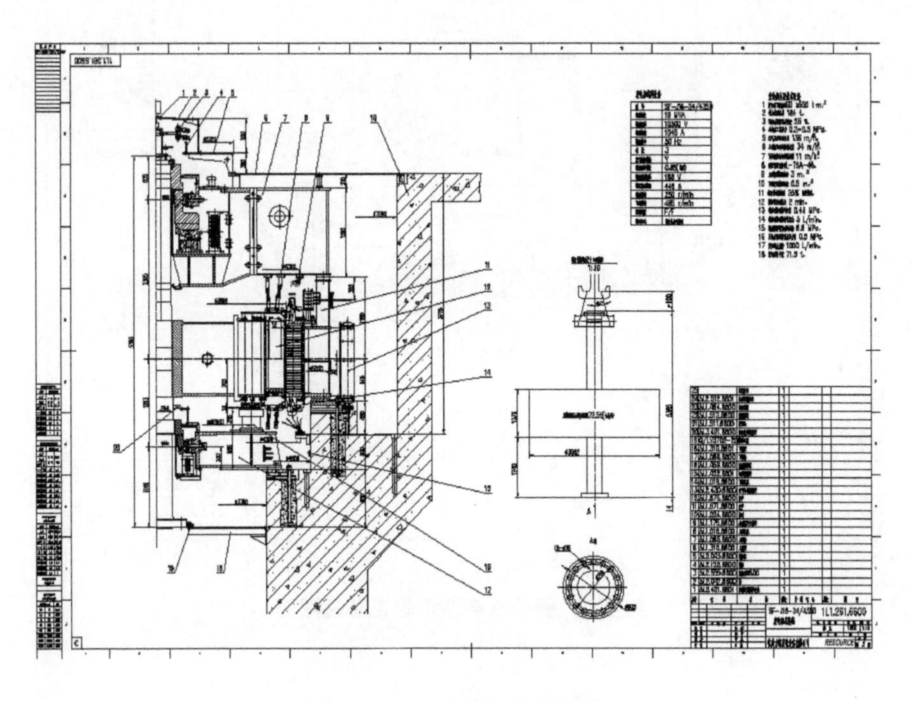

附图 1　那比水电站总装配图 1

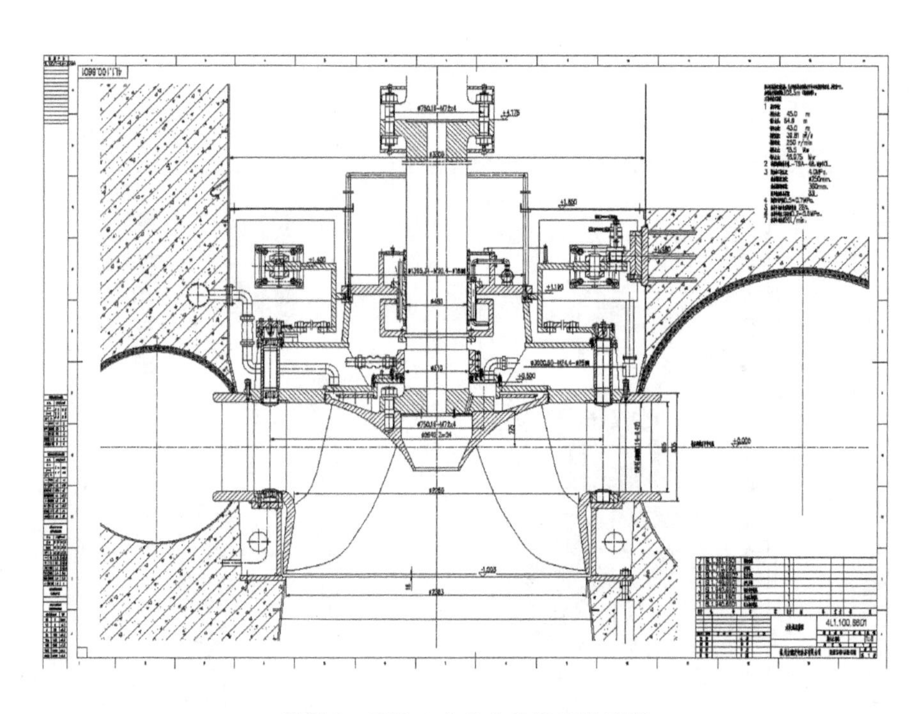

附图 2　那比水电站水轮机总装配图

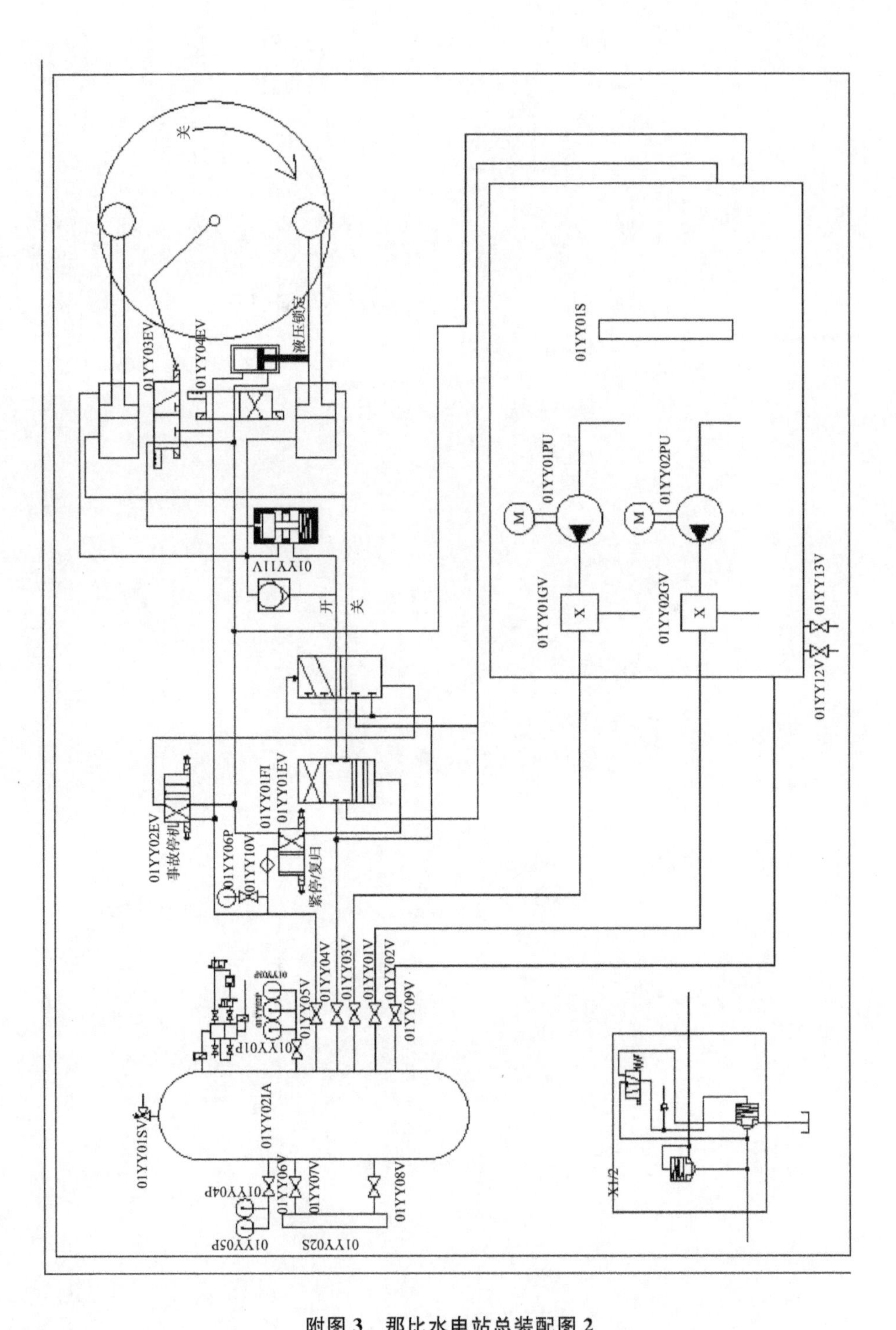

附图 3　那比水电站总装配图 2